国家社科基金艺术学重大项目"中华传统造物艺术体系与设计文献研究"子课题
"泰山学者"艺术学科研究项目
"十三五"国家重点图书出版规划项目
2021 年度国家出版基金项目

国家出版基金项目
NATIONAL PUBLICATION FOUNDATION

# 中国民艺馆　家具

潘鲁生　主编

山东教育出版社
Shandong Education Press
·济南·

图书在版编目（CIP）数据

家具 / 潘鲁生主编 . — 济南：山东教育出版社，
2023.1
（中国民艺馆）
ISBN 978-7-5701-2420-6

Ⅰ . ①家… Ⅱ . ①潘… Ⅲ . ①家具－民间工艺－介绍
－中国 Ⅳ . ① TS666.2

中国版本图书馆 CIP 数据核字 (2022) 第 234460 号
—————————————————————————
本书图说中所用图片均为中国民艺博物馆实物拍摄。


主　　编　潘鲁生
执行主编　赵　屹
副 主 编　莫秀秀　袁　硕　潘镜如


本卷审读　王所玲
本卷摄影　李志鹏　李　炎　张　格　宋清华
本卷专论　王所玲
本卷图说　张　倩　邵云楚
本卷附录　张　倩　邵云楚


策　　划　刘东杰
责任编辑　宋　婷　薄子桓
责任校对　舒　心
整体设计　袁　硕　韩吉轩


ZHONGGUO MINYIGUAN
JIAJU
中国民艺馆　家具


主管单位：山东出版传媒股份有限公司
出版发行：山东教育出版社
地　　址：济南市二环南路 2066 号 4 区 1 号　邮编：250003
电　　话：0531-82092660　网址：www.sjs.com.cn
印　　刷：北京雅昌艺术印刷有限公司
开　　本：650 mm×965 mm　1/8
印　　张：37
字　　数：165 千
版　　次：2023 年 1 月第 1 版
印　　次：2023 年 1 月第 1 次印刷
定　　价：498.00 元
（如印装质量有问题，请与印刷厂联系调换）
电　　话：010-80451092

# 目 录

# 序

中国民艺博物馆场景

中国民艺博物馆场景

# 美在生活

潘鲁生

　　编纂出版一套《中国民艺馆》丛书，把我几十年来的民艺收藏以图书的形式呈现出来，是对自己民艺研究的一次学术梳理，也是以藏品图集的形式拓展关于民艺的交流空间，记录和呈现一种曾经热闹鲜活如今难免渐行渐远的民间生活，犹如神遇，也是一种缘分。这套大型丛书相较于民艺馆的实物展陈更为系统深入，能更充分地交代一件民艺藏品的所属品类、工艺谱系、历史过往和研究经历，展现实物背后的历史文脉以及隐含其中的无形氛围、生活感受和人生际遇。这套大型丛书以民艺藏品为起点，回溯关于生活日用、装饰审美、风俗习惯和工艺匠作等更广泛深沉的存在，更细致地体会民艺用与美、物与道的关系，并最终回归民艺的生活本身。

　　生活有大美，民艺是生活的艺术。婴儿呱呱坠地时母亲缝制的虎头鞋、满月时亲友邻里赠予的"百家衣"、年节时窗棂上红火灵透的窗花、出嫁成家时的"十里红妆"，直到故去时尘土火光中纸马跃动化作薄烬轻烟……传统岁月里的一生，是民艺点染串联的记忆、情谊和历史。人生一世，从一无所有走向一无所有，唯有这些温暖的牵挂、生活的浪漫和美好的期待，让人生不荒芜不寂寥，在岁月轮转和生活变迁中给人带来慰藉。从古至今，我们的民族并没有向彼岸世界寻求寄托，而是在现实生活里创造了丰富的吉祥文化以维系情感、寄托希望。人生实苦，生命无常，中华民族世代勤劳，充满生活的热情，在民艺的创造里存续生活的艺术。

　　我十分庆幸在世间千万行当里能与民艺结缘，这是一块坚实的土地，使我更深刻地感知过往、理解艺术、认识生活。在流水般的日子里，民艺承续着人之常情，即使看起来简单朴素的用具，其中也有岁月的磨砺、艰辛的劳动以及在单调反复中积淀的成熟，众生云集于这个世界。民艺让人感到充实、活得踏实，没有荒废世间际遇所给予的一切。

王朝闻总主编、潘鲁生主编《中国民间美术全集·祭祀编·神像卷》《中国民间美术全集·祭祀编·供品卷》

1983 年，潘鲁生在陕西临潼征集民艺藏品

1984 年，潘鲁生考察山东潍坊风筝制作工艺

1989 年，潘鲁生考察山东曹县桃源集送火神"花供"习俗

1992 年，潘鲁生与日本道具学会专家共同开展田野调查

# 一、我与民艺有缘

我出生在鲁西南，家乡曹县是座老城，位于黄河故道旁，历史可追溯至夏商，皇天后土，文脉汤汤，有淳厚的民风习俗和丰富多彩的民间文化。我家住在老县城大圩首北街，南街有戏园子，后街是古楼街，街上有不少作坊店铺，每逢集市，扎灯笼、编柳筐、捏面人，好不热闹。家乡受鲁文化影响，尊礼重教，民俗活动非常讲究，大家好热闹，爱排场，但不讲究吃穿，更多的是精神追求。比如人们心里有了念想，精神有了起伏，嗓子就痒，便把唱戏作为抒发情感的一种方式。老家是有名的"戏窝子"，老百姓结婚时唱戏，生孩子时唱戏，老人祝寿时唱戏，祭奠先人时唱戏，喜庆节日请民间的戏班唱戏也很普遍，流行的顺口溜"大嫂在家蒸干粮，锣鼓一响着了忙，灶膛忘了添柴火，饼子贴在门框上"，十分生动形象。我在这样的环境里长大，听戏听得入了迷，深深地沉醉于家乡的文化。一些戏曲题材的剪纸、刺绣、年画、彩灯也是一个装有民间戏文的筐，样样齐全。我奶奶虽不识字，但教我背下《三字经》，她那个夹着鞋样的"福本子"，放的是全家的鞋样子，有花花草草的剪花样、戏文人物、吉祥图案，是百看不厌的图样全书。曹州一带"福本子"的歌谣唱道："娘家的本（本子），婆家的壳（封面），生的孩子一小窝。娘家的瓤（内容），婆家的壳（外皮），打的粮食没处着。"当年听着有趣，岁月愈长愈感受到其中关于生活的韧性和希望。儿时的记忆里，最难忘的还有家乡的玩具"小孩模"，就是孩子们用胶泥翻模做出各种形象。家乡的河多、坑多、水面多，小孩子玩耍时取水用泥非常方便，小孩模里有神话传说、历史故事、戏曲形象、曲艺杂技、花草植物、飞禽走兽、吉祥图案，还有汉字等，内容十分丰富。比如"武松打虎"的小孩模图画，艺人大胆地将武松形象与虎之身躯合为一体，形与神、力与体高度融合概括，英雄气概表现得淋漓尽致。其中民间语言、艺术张力，以及关于正直、守信、责任的朴素道理，对成长中的孩子来说有莫大影响。它不仅是民间口头文学的插图绘本，也不仅是过去儿童识图、识数、辨色、会意的教材，更是一种民间文化启蒙与传承的精神纽带，人们从中能体会到情感、情义和生活的滋味。我常想，这样的童年生活是丰厚的，故事鲜活，曲韵悠悠，是一种绵长的力量，时时滋养着心灵。

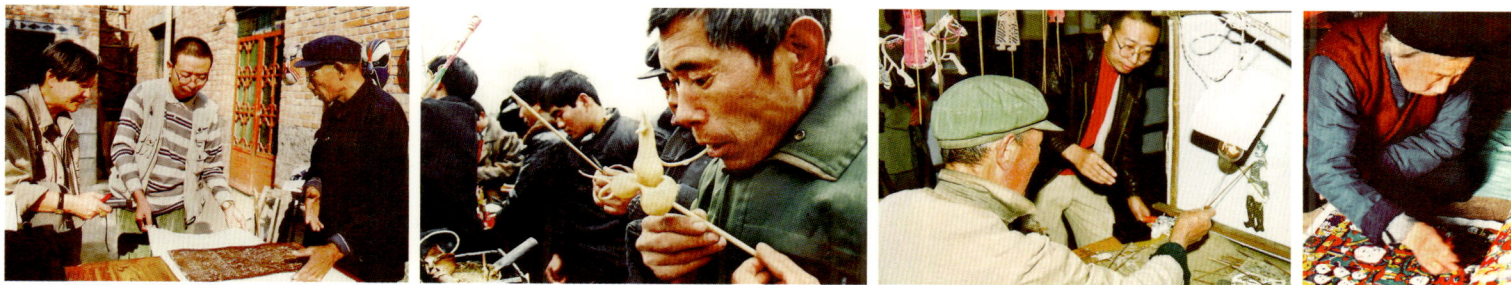

1997 年，潘鲁生与台湾《汉声》杂志社　1997 年，潘鲁生考察山东菏泽民间吹糖人工艺　1998 年，潘鲁生在山东沂南考察皮影艺术　1998 年，潘鲁生考察
吴美云一行共同开展蓝印花布调研　　　　　　　　　　　　　　　　　　　　　　　　　　　　　　　　　　　　　　　　　　杨家埠年画印制工艺

民艺是一个丰富的生活世界，长于其中更能体会人之常情，在以后的岁月里也更容易触物生情，人生从此烙下了乡土、乡亲、乡情的底色，永远有一种乡愁记忆。

20 世纪 70 年代末，我在县城工艺公司当学徒，做过羽毛画、玻璃画，画过屏风、册页。1979 年谷雨时节，我在菏泽工艺美术培训班有幸跟随俞致贞、康师尧等先生学习传统绘画，这也是我从艺求学的一个起点。传统图案的构成法则和装饰趣味与家乡的风土人情水乳交融，这一切令我痴迷。记得鲁迅先生说，老百姓看年画是"先知道故事，后看画"，熟知了神话、传说、戏曲、民歌后才以年画、剪纸等视觉形象装点生活。我在鲁西南的乡土长大，少年时有机会学习家乡的手艺，也在生活体验中耳濡目染地学了不少东西。

此后十余年，我踏上了从艺求学之路，从考取山东省工艺美术学校，到赴中国艺术研究院、南京艺术学院求学深造，我在民艺研究上找到了自己的专业追求。其间，我跟随王朝闻、邓福星等先生做资料员，师从张道一先生学习民艺理论，跟随张仃、孙长林等先生体会艺术的传承出新之道。受到美术史论和学科视野的影响，我将民艺作为我们民族文化史、生活史的一部分，作为我们民族文化艺术中带有原发性和基础性的组成部分，加以认识和研究，希望进一步建立起合乎客观实际的研究架构，疏浚源流，厘清脉络，从人民群众自发的艺术创造中找出艺术上的规律，同时进一步探究民艺与民俗以及诸多姊妹艺术的关系。在这个过程里，我养成了行走田野调研的治学和生活方式，也不断在创作中自觉取法，渴望从民间艺术里学习借鉴、汲取营养，可以说是黾勉而行，乐在其中，受益良多。

在中国艺术研究院学习期间，王朝闻先生的美学观和美术史观启发我从更开阔的文化和美术源流看待民艺，帮助我形成了系统的研究思维和视野，也更加坚定了我民艺研究的志向。其时，王朝闻先生不仅在他主编的《中国美术史》中将民间美术收录为专题，作为研究对象，而且从美学意义上强调民间艺术是民间文化形态和民众生活审美心理不断积淀并相互渗透的产物，与西方艺术相比有自身的形式规律和生活基础，在研究的方法论上也应多维贯通。此后，我有幸参与了王朝闻先生主持的整理分类等学术活动，进一步深化了对中国民间美术的发生发展脉络、基本面貌、美学精神和文化特

潘鲁生著《民艺学论纲》（上图）

潘鲁生主编《中国民艺采风录》（下图）

2001年，潘鲁生考察山东沂源农家针线活儿

2002年，潘鲁生考察山东菏泽农村民间生活方式

2006年，潘鲁生考察位于大阪的日本民艺馆

2006年，潘鲁生考察新疆民间手工艺

征的研究与探索。回想起来，我很感念这段求学和工作的经历。当时正逢"美术新潮"兴起，一些迷茫者失去了文化自信，也有不少人放弃事业下海经商。王朝闻先生一直鼓励我坚守，他在1988年给我的题词中写道："任何事物都有两面性，不能因为实际生活中存在两面派而否定这合理的两面性。企图把铁棒磨成绣花针的行为，岂不也有值得肯定和否定的两面？艰苦奋斗的精神体现于磨针的傻劲，这样的傻劲值得肯定。热爱民间美术的潘鲁生君探求它的艺术规律和我不惜啃桌子消耗生命的傻行同调。他的来日方长，对民间美术的痴情定能得到更可喜的报答。"作为一个蹲守乡村田野的民艺研究者，我是幸运的，没有动摇过求艺的初衷，没有放弃对民艺的追求，一路走来十分充实。对我来说，民艺是物，也是事，是文化的生态和生活的网络。先生们的鼓励赋予我坚定的动力，此后，我行走田野，不间断地调研，记录和整理了百余项濒临灭绝的民间手工技艺，也提出了民间文化生态保护计划，希望尽可能地留存民艺，续传文化的薪火。

记得在南京艺术学院攻读博士学位时，导师张道一先生以"中国民艺学论纲"作为我的学位论文选题，希望把民间文艺的经验转化为学理，梳理出民间文艺的知识谱系，建构中国的民艺学科。张道一先生教导我们要建立学科意识，也一点一滴地传授给我们治学的理念和方法。他回忆陈之佛先生的嘱咐——"搞史论不要离开实践，一旦与实践脱离，许多问题不但看不出，也吃不透"，还有钟敬文先生的叮嘱——"要把民艺'吃透'，不能停留在表面的艺术处理"。他说："民间艺术是通俗的，语言质朴，平中出奇而清新刚健，绝无矫揉造作，形式上的刀斧痕却显出大巧若拙的特色。但是并非所有的通俗艺术都是民间艺术，也不是所有的民间艺术都属上乘。研究须要识别，有识别才能上升，如果真伪不辨，良莠不分，是很难进入更高的境界的。"至今我常常重读张道一先生对我博士学位论文所写的寄语："任何学问都有开头，任何研究都是从分别到整合。民间艺术的研究从近处说已经过了几代人，鲁生君可说是后来者；不同的是他对民间艺术做了全方位的观照和综合的论述，在民艺学的建设上做出了自己应有的贡献。真正的奉献者是不计较

2009年，潘鲁生考察澳门博物馆传统工艺展览

2014年，潘鲁生与英国人类学家雷顿一起调研日照农民画

2015年，潘鲁生考察云南大理挖色镇白族大成村民俗活动

2017年，潘鲁生考察广东潮州民间节庆活动

2018年，潘鲁生考察内蒙古和林格尔县舍必崖乡民间剪纸

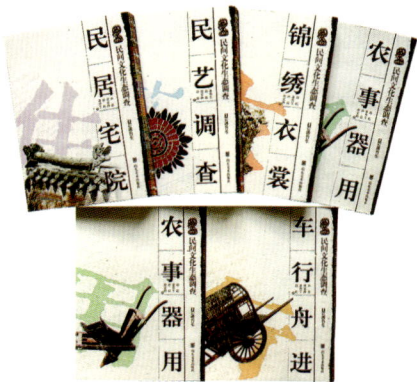

潘鲁生主编《民间文化生态调查》

社会的酬劳和名次的。我希望他继续躬行于兹，成为在这块园地上耕耘的坚强者；既要坚强地做下去，又要坚强地站起来。虽然在当前的世风面前它显得有些软弱，甚至被冷落，但我坚信，这是中华民族文化发展的需要，也将是民族的光荣。"这几十年，研究中国的民艺学和手艺学，成为我的学术目标和使命。调研工作是艰苦的，探究事理更需有严格的科学态度，既要把根扎在田野，还要由表及里、综合分析，把规律事理学深悟透。如张道一先生所言，"既然社会关系像一个蛛网，互相牵动着，民间艺术处在社会的底层，也必然有它的复杂性，有些问题仅仅用艺术的某些观点是难以解决的"。研究民艺需要更开阔的视野、更全面的思考和探索，对我来说，它已不只是志趣，更是一种人生的使命。

在山东工艺美术学院教学的三十多年，我一直不离"民艺"这个主题。一方面，民艺是中华民族的母体艺术，不仅是艺术之源，也是艺术之流，是我们民族民间文化的种子库。我们的艺术教育特别是工艺美术教育离不开这个"基础"和"矿藏"。另一方面，民艺是中华民族的创造，是为包括衣食住行、生产劳动、人生礼仪、节日风俗、信仰禁忌和艺术生活在内的自身社会生活需要而创造的，绝大多数同实际应用相结合，工艺在其中占有相当比重，工艺美术教育要守住这支造物文脉。其间，在诸位先生的关心和指导下，我们在工艺美术学院的教学和科研中突出民艺特色，较早将民艺教学引入了大学课堂。今天，在反思艺术教育普遍存在的问题时，我认为非常重要的一点仍在于文化自信和文化传承。艺术的内涵和形态有民族文化作为基础，应该表征我们民族文化群体的感情气质和民族精神，反映我们民族本元文化的哲学精神，具有自身的造型体系和色彩体系。不知己焉知彼，不了解历史传统也难以把握当下和未来。我们的高等艺术教育不能完全仿效西方，民间艺术贯通于数千年的历史长河，体现民族文化传统的延续性，在某种程度上成为文化传统的"活化石"，成为艺术教育体系的有机组成部分。

我与民艺有缘，从求学到教学，从书斋到田野，希望自己下得苦功夫，做些深入的研究和探索。

著名美学家王朝闻为潘鲁生题词

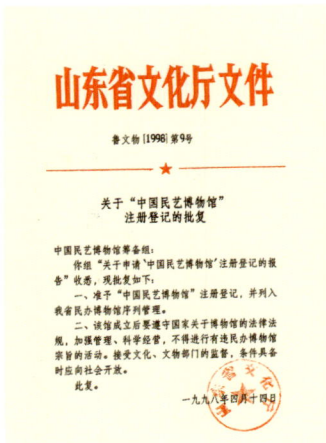

1998年，"中国民艺博物馆"
由山东省文化厅批复成立

## 二、创建民艺馆是我的梦想

从 20 世纪 80 年代初开始行走田野、采风调研至今，转眼已三十多年过去了，在社会发展和文化转型的大背景下，我目睹了传统村落的变迁，也结识了不少民间艺人。在乡间，在街巷，在作坊，与年迈的老艺人聊聊手艺活儿，听听民间艺人拉呱的乡音，已成为我生活的一部分。在热闹的年集上，在农家的婚丧大礼上，尤其能感受到民间艺术的厚重鲜活，也常常在人走歌息、人亡艺绝的现实里感到无奈和哀伤。所以，收藏民艺不只是搜集民艺研究的第一手资料，也是守护一种生活图景、生活方式和生活记忆。那些年画花纸、门神纸马、剪纸皮影、陶瓷器皿、雕刻彩塑、印染织绣、编织扎作、儿童玩具等，不只是物件本身，更是交相辉映的生活乐章，陈设点染间，留下的是昔日生活的气息。那由八仙桌、条几、座屏、座钟、中堂画、对联、花瓶、靠背椅等组成的堂屋，端正有序，民艺民具组合而成的是传统的时空格局、礼仪秩序和生活氛围。还有北方炕头上木版刷印的年画，纸糊窗格上的剪纸窗花，妇女的挑花刺绣，孩子们的虎头鞋、长命锁、新肚兜等，演绎着乡土生活。生活是民艺生成的土壤，也是我们认识和思考民艺价值的出发点。民艺里有民族的生活史，不像史书典籍那样有宏大的主题，不以精英经典为代表，汇集的是寻常日子里的生活源流。婚丧嫁娶、针头线脑、锅碗瓢盆、悲喜交加，是芸芸众生的生活本身，循着这些老物件能够看到过去岁月里百姓的心灵与生活。

在社会和文化转型的背景下，收藏民艺也是给千千万万寂寂无闻的民间艺人留下文化的档案。这三十多年来，我收藏了不少民间服饰，有嫁衣盛装，也有平常日子里的服饰，它们的款式、用料、拼布、挑花、绣花、镶边、扣襻等，多种多样，有着独特的地方风情和艺术个性。还有那些木桶、竹篮、木刨、风箱，往往是陈旧的甚至粗糙的，但里面蕴含着劳动人民的巧思和意匠之美。张道一先生在为《民艺学论纲》题写的序言中曾感慨，有些农村妇女的"女红"相当出色，可是她们并不认为这就是艺术，因为在她们手中的"针

中央工艺美术学院院长张仃为"中国民艺博物馆"
题写馆名

中国民艺博物馆场景

中国民艺博物馆场景

2000年元旦，千禧年第一天，中国民艺博物馆（青岛馆）开馆仪式在全国青少年青岛活动营地举行

线活儿"就是她们生活的一部分。在她们看来，为孩子做鞋做帽，缝纫刺绣，为装点生活环境，剪纸贴花，为老人长寿祝福，蒸作面塑，都是理所当然的事。"这种自发、自作、自给、自用、自娱的艺术创造，最能说明艺术与人生的关系。"当这些自然而然的传承与创造逐渐从日常生活中退出，人们也许热衷于从所谓"国际时尚"中建立一种生活定位。民艺收藏既是无奈之举，也是为昔日生活艺术的创造者立档存志，是集体的、无名的，却是真实存在的，不应被新的潮流湮没，要留下它的脉络和踪迹。

带着田野采风调研的收获，我终于在20世纪90年代建起了民艺博物馆，将行走田野收藏的民间生活器用和工艺品向公众展示，有农耕时代不同地域的生产用具、交通工具、服装饰品、起居陈设、饮食厨炊以及游艺娱玩器用等几十个品类的老物件，存录了中国传统民间的生活方式和文化档案。1998年，中国民艺博物馆正式注册，成为山东省首家注册的公益性博物馆。张仃先生为民艺馆题写了馆名。我相信，这些老物件、老手艺不只是沉睡封存的档案，而是有生命、有生活的民间智慧，这些文化种子是民间文化的宝物，必将繁衍出新的文化生命，活在老百姓的生活之中。

向公众展示一个大美的民艺世界是我一直以来的愿望，走进博物馆并不是民艺的最终归宿。这些民间的日用之美不应被机械工业、市场商品等怒潮消解和吞噬，不应仅带着斑驳的时间旧痕陈列在博物馆的玻璃箱里。民艺馆建设只是一个起点，还要通过中国传统民艺的实物文献收集和生活还原展示，进一步展开更深入的宣传、教育和研究。因此，中国民艺博物馆也是一个面向社会的大课堂和研究基地，建馆以来不仅接待了国内外专家学者、青少年学生及社会各界人士数十万人次，也成为传统工艺传承、弘扬、创新与衍生的平台。我们组建了学术团队开展中国民艺学理论研究和田野调研，在20世纪90年代初就提出了"民间文化生态保护"理念，组织实施了"民间文化生态保护计划"，21世纪以来开展了历时十年的"手艺农村调研"，并在

1998年，"中国民艺博物馆藏品展"在山东工艺美术学院收藏展览中心开展

2003年，俄罗斯科学院高尔基世界文学研究所首席研究员、著名汉学家李福清在中国民艺博物馆考察民间年画

2004年，著名艺术家韩美林参观中国民艺博物馆

2005年，中国民俗学会会长、中国社会科学院学部委员刘魁立参观中国民艺博物馆

近年实施的国家社科基金艺术学重大课题研究中提出了城镇化进程中传统工艺的发展策略，其间会同国际文化人类学家开展民艺田野调研，进行了深入研究和交流。

应该说，民艺博物馆是一种生活历史的记录，也是生活的诉说。回望昔日的生活图景，在百姓日用中保留属于我们这个民族的匠心文脉、生活记忆，建构我们民族的生活美学。

## 三、民艺的生活美学

民艺是生活的艺术、生活的美学，民艺造物是对生活之美的创造。民间的面花、剪纸、服饰、刺绣、染织、年画、皮影、面具、木偶、风筝、纸扎与灯艺、社戏脸谱、陶瓷、雕刻和民居建筑、车船装饰和生活用具等，融于衣食住行，关联社会民俗，是对于美的集体记忆和创造，是民间生活的诗情画意。回想昔日农村染块布做身衣服的讲究，纺线织布绣花缝补的精巧，还有民艺维系的民间礼仪，都是生活的审美、生活的品位。民艺不仅以有形的、自在的、奔放炽烈的语言体现在生活中，也以平常之美体现生活的意义和价值。

民艺的工具和材料往往随手可得，就地取材，工艺和形态远离浮华、奢侈，具有朴实、自然的特点。民艺发掘了日常生活中自然、事理与物候节律以及材质的意义和价值，比如使自然里荣枯有时的竹、柳、藤、草成为筐、篮、篓、笠、席、盘、垫，有了生活的韵味和价值；比如使一方轻薄的纸张裁剪之后幻化出现实生活、戏曲传奇、神话故事等无所不包的大千世界，其中有爱憎，有美丑，有百姓倾心歌颂的高尚和美好。短暂的自然生命因此变得隽永，平凡的物件因此有了情感和生命。塑造生活的平凡之美和永恒的价值，正是民艺生活美学的真谛。

2008年，济南市青少年活动中心组织小学生参观中国民艺博物馆

2009年，国际奥委会主席雅克·罗格参观中国民艺博物馆

2009年，著名美术学家邓福星一行参观中国民艺博物馆

2009年，国务院学位委员会艺术学学科评议组召集人、著名民艺学家张道一参观指导中国民艺博物馆

民艺体现了一种美学观，其中包含一个丰沛的精神世界。民艺在生活日用、装饰陈设、传统节日、人生礼仪、游艺娱乐以及生产劳动中，寄予了朴素的劳动感情、乐观的生活态度和美好的理想追求，充满了除恶扬善、辟邪扶正、和合圆满、吉祥如意的主旋律，反映出百姓对生活的热爱、对乡土的真情、对幸福的祈望，形成了我们民族乐观向上的精神风貌和民族气质。福禄寿喜的吉祥图案、避鬼驱邪的门神年画充满了人们对生活的期待与寄托，是真挚的，也是朴素、充满韧性的，更是无常甚至苦难也浇不灭的昂扬精神。张道一先生曾感慨，当他深入民间与那些农村妇女交谈时，不仅感到她们情真、开朗、大方，也会被她们的"女红"所感染，从中领悟到艺术的真实和人生的意义，"在民间艺术中蕴含着一种人间的真美，那是在美学书中找不到的"。

文化发展靠积累，民艺是我们文化创造的重要基础。张道一先生将民艺视作本元文化。一方面，从历史发展的序列进程看，在社会分工逐渐细致之前，在相当长的历史时期里文化具有一元性，民艺融物质文化与精神文化、实用与审美于一体，物质文化与精神文化兼容，物质文明与精神文明同构，是一种本元文化，而且在文化从一元走向多元、物质文化与精神文化分化之后，仍然保持了装饰、实用及风俗应用的有机统一和融会贯通，其本元文化性质没有解体，且不断适应并潜移默化地作用于人们的生活。另一方面，其本元文化的原发性内涵，也在于具有"艺术矿藏"等基础性和母体性，不仅在创作机制上丰富、自在，具有原发性、业余性和自娱性，是一种淳风之美的流露，体现了人与艺术的本质关系，而且是一个民族、一方人群人生经验和生活文化的积累，具有传承性、集体性、民族性和区域性，反映了漫长历史进程中民族文化艺术的创造，体现其精神面貌和心理状态，是文明赖以延续和升华的基础。

在社会文化转型的背景下，生活从传统走向现代，我们的生活方式发生了不小的变化，安土重迁的观念和生活被城市化的流动打破，民间禁忌和祈望的仪式空间被现代生活观念和方式冲淡，传统器用的形态以及图案纹样里差序格局的基础逐渐消解，标准化、流水线甚至拷贝"全球化"的生活方式

潘鲁生、赵屹等著《手艺农村》（上图）
潘鲁生主编《中国手艺传承人丛书》（下图）

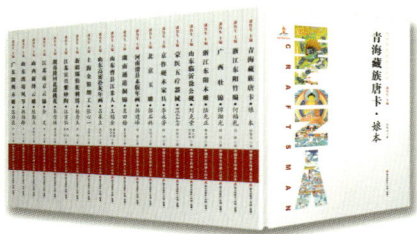

2010年，中国工艺美术学会民间工艺美术专业委员会专家考察中国民艺博物馆

2010年，凤凰卫视考察团参观中国民艺博物馆

2013年，中国文联副主席、中国民协主席、国务院参事冯骥才参观中国民艺博物馆

成为主流。传统民艺与民风民俗相依存，作为传统民间生活的有形载体，从生活舞台的中央走向边缘，一些品类的技艺与传承甚至走向消亡。生活在变，不变的是人们对美好的永恒追求。民艺维系的是一份亲情、乡情、民情，连接的是民族精神的根脉与人们的情感。在今天，民艺有生活的土壤和情感的需求，我们甚至比以往任何时候都更需要民艺，需要承载、安放、传递生活里最朴素亲和的情谊，需要传承生活的艺术和智慧，创造民间的生活之美，实现民生的审美关怀。传承和发展民艺，是一个生活文化的建构过程，把生活与美统一起来，使生活不是物质化的、空虚的、贫弱的，而是有匠心、有境界、有情感寄托的。美在生活，美在日常，在生活日用中塑造美、直观美，充实和提升的是最广泛深刻的社会认同。

当前，文化传承发展进入了新时代。国家全面实施"中华优秀传统文化传承发展工程"，出台"中国传统工艺振兴计划"，鼓励文艺创作，坚定文化自信，坚持服务人民，推动文化产业成为国民经济支柱性产业，倡导文化的创造性转化与创新性发展。乡村振兴战略的启动实施，从根本上强调乡村文明是中华民族文明的主体，村庄是乡村文明的载体，耕读文明是我国的软实力。乡村振兴战略从中华民族历史与文化的高度，深刻阐释了乡村的文化意义，明确了决定中国乡村命运的乡村地位，强有力地扭转了以狭隘的经济主义思维判断乡村价值的认识，对乡村文明的传承、文化载体的存续乃至中华民族精神家园的回归与守护都发挥了及时而长远的作用。乡村振兴涉及历史记忆、文化认同、情感归属和经过历史积淀的文化创造基础，民艺是其重要的载体和纽带。

《中国民艺馆》丛书初步计划出版三十余册，不以严格的学术分类分册，而是从作品赏析的角度归类，包括《油灯》《玩具》《百鸟绣屏》《戏曲纸扎》《枕顶花》《饮食器具》《年画雕版》《鞋样本子》《云肩》《家活什儿》等。丛书定位在传统文化传承普及和青少年民艺欣赏学习的层面，通过摄影表现民艺作品的审美意象，适当增加民艺作品的文化传承、工艺匠作等方面的解读，力求做到总体有风格、每册有特色，具有欣赏性、教育性和审美性。丰子恺先生说："有生即有情，有情即有艺术。故艺术非专科，乃人所本能；艺术无专家，人人皆生知也。晚近世变多端，人事烦琐，逐末者忘本，循流

2015年，南京艺术学院留学生参观中国民艺博物馆

2017年，张仃夫人灰娃、著名文化学者王鲁湘参观中国民艺博物馆

2017年，潘鲁生考察西藏拉萨夏鲁旺堆唐卡

2019年，中国国家博物馆馆长王春法一行参观中国民艺博物馆

者忘源，人各竭其力于生活之一隅，而丧失其人生之常情。于是世间始立'艺术'为专科，而称专长此道者为'艺术家'。"他还说："艺术教育是一种品性陶冶的教育，不是技巧的能事。极端地说，学生不必一定要描画、作诗、唱歌。懂得昼夜的情调、诗歌的趣味，而能拿这种情调与趣味来对付自然人生，便是艺术教育的圆满奏效。虚荣实利心切的，头脑硬化的，情感的绝缘体，在人群中往往做很不自然的障碍物，即使会描画作诗，乃是俗物。"让读者感知民艺的生活、民艺的世界，也是回归生活本身，于朴素的情感和趣味中体会创造，当生活的艺术家。民艺的复兴需要的正是万千生活主体的创造，复兴民族文化的创造力。

《中国民艺馆》丛书的出版，或许能使读者更清晰、更细腻地感知民艺的造型形态、材质肌理、纹样色彩和生活磨砺的岁月感，了解一件民艺作品背后的历史和生活状态，在纸页翻转中流连于民间的造物文化。我们要体现的不只是民艺的历史和知识，而是民艺独一无二、无可替代的意义和价值，它关系到我们对物、对用、对美的理解和感受，不断实现优秀传统的延续、记忆的延续，维系民艺与生活的内在联系。民艺里包含深切的人情心意，人们在日常使用中察觉和实现着其中的含义，也从中寻见自己，所以珍视民艺、传承民艺不仅是对消逝之物的怀旧，也是一种生活方式、文化认同、心灵境界的建构。认识民艺，感受民艺，学习民艺，是以生活的艺术涵养民族文化之心灵。

借助《中国民艺馆》丛书，让我们再次凝视民艺之美，感受生活之美。也希望丰富多彩的民艺回归朴素的生活，如不息的河流随岁月流转，哺育滋养一代代人的生活，在造物的智慧、用物的享受、爱物的快乐中寻得更美好的境界。

潘鲁生主持的国家社科基金艺术学重大项目的成果——《中国民艺调研报告》

丁酉秋于历山作坊

专

论

# 中国传统家具

中国是一个具有悠久历史的文明古国，在其漫长的发展过程中，中国家具形成了自己独特的风格，成为灿烂辉煌的中华民族文化中重要的组成部分。随着人们生产、生活方式的变化，中国传统家具经历了商周到秦汉席地而坐的矮型家具，魏晋到隋唐席地而坐与垂足而坐并存的过渡时期家具，北宋垂足而坐的高型家具，直至明末清初达到艺术与技术的高峰。中国家具在从无到有、从简单到复杂的循序渐进的演变过程中，数量、品类、形态、功能、装饰等逐渐变得丰富繁盛，且承载着中国不同历史时期人们的政治制度、宗教信仰、经济发展、科技工艺、人文艺术、风俗习惯等方面的历史印记，反映了当时社会人们的价值观念、伦理道德标准、思维模式、行为模式以及审美情趣等方面的造物思想。

## 一、中国传统家具发展脉络

### （一）席地而坐的前期家具

家具是伴随着人类住所的出现而产生的，从古人掘洞穴居开始，就有了最原始的家具。大概是为了防止虫害侵体或防潮，古人将草叶羽皮铺设于地面，即为家具最原始形态——"席"的前身；用石块、树墩当作凳子；用木杆、竹竿铺架为卧具等。当早期人类掌握了编织技术以后，各种编织的器具如席，已成为不可或缺的室内用具。随着石铲、石斧、石锛、石凿等劳动工具的使用和发展，古人类对各种木质材料的认识和利用能力也不断提高。在此期间，甚至出现了把石楔镶于木棒形成锯齿状，以锯磨木料或加工用于拼接木料的企口榫，从而出现了简单的木结构形式。山西襄汾陶寺遗址墓葬发掘的木棺、木豆、木匣、木俎、木案等就是工具使用和家具雏形产生的有力的证据。

夏商周时期，烧制陶器、琢磨石器、制作骨器、冶铸青铜器和制作木器都有了新的发展和分工，尤以青铜工艺技术达到了相当纯熟的地步。在出土的商周青铜工具中，有斧、铲、凿、锯、雕刻镂刀等，可以推断当时的木工技术已经达到了相当的水平。现在能见到的商周家具多是一些用作礼器的青铜制品，如俎（祭祀时放屠宰牛羊，平时置物或切肉，几案类家具的雏形）、禁（放置酒器的台类家具）、几、扆（屏风）等，见图1～图3。从象形文字

图 1　商悬铃青铜俎

图 2　西周时期酒器铜禁及配套青铜器

图 3　东周时期楚墓透雕小座屏

图 4　春秋时期蟠螭纹镂空俎

推测，当时还应有床和案等。这一时期的家具装饰纹样有饕餮纹、云雷纹、兽面纹、龙纹、凤纹、波纹等，家具的结构形式上出现了壶门。

春秋战国时期，奴隶的解放和铁工具的出现使生产力得到了很大的发展，髹漆工艺的广泛应用以及技术高超的名工巧匠的不断出现，使得家具在制作水平和使用要求上都达到了空前的高度。《考工记》记载，当时手工业分为木工、金工等六个工种，而木工已有建筑、家具、农具等分工；《墨子》中出现了"梓匠"一词指代造器具和建筑的两个工种；著名的匠师鲁班相传发明了曲尺、钻、刨、锯、墨斗等木工工具；这一时期还出现了规、矩、悬、水平、绳索等测量器，使家具制作有了质的飞跃。春秋战国的家具以楚文化的髹漆家具为代表，色彩艳丽，黑地为主，配以红色彩绘图案，图案以龙凤云鸟纹为主题，装饰技法以彩绘和雕刻为主，装饰纹样丰富，是漆家具全盛时代（汉代）的序幕。家具类型除商周已有的俎、禁、床外，还出现了案、几、架、屏、箱等，见图 4 ～图 7。其中，河南信阳楚墓出土的战国早期的彩绘木床（图 8），其形制（182cm×136cm×44cm）与当今相差无几，床身是用纵三根、横六根的方木做成的；床的四周有栏杆且可拆卸，髹黑漆；床上铺着竹条编排的床屉，床上有竹枕，床框通体髹黑漆，用朱漆绘回纹；床屉下有六足，透雕云纹，髹黑漆，是我国现存古代家具中罕见实物珍品。而河北平山中山王墓出土的战国四龙四凤方案（图 9），在四只卧鹿承托的圆座上由四龙四凤纠结成案座，铜制构件上都有精致的错金银图案，承托案面四角的斗拱对研究我国斗拱的历史具有重要价值。这些家具中出现了多种榫卯结构，如银锭榫、格角榫、燕尾榫、凹凸榫等，为后世榫卯的大发展奠定了基础。此外，编织工艺大量出现，编织方法多样，如江陵沙冢一号墓出土的竹席，用方格十字形纹编织法制成，并分别髹红、黑漆，见图 10；而在河南辉县固围村战国墓出土中有竹编痕迹，其纹样编织方法与后来的明式家具中的椅面"胡椒眼"藤编屉相似。

秦汉时期，国家统一，生产发展，科技文化迅速腾飞，是我国低矮型家具大发展时期。人们仍然以席地而坐为主，室内生活以床、榻为中心，其功能不仅限于睡眠，聚餐会友、办公议事等都可在床榻上进行，大量的汉代画像砖、画像石都体现了这样的场景。有些床榻上四角被加了立柱，并设有帐幔，夏日避蚊虫、冬日御风寒，同时起到美化的作用，也是身份、财富的标志。

图 5　战国中期漆木案

图 6　战国中晚期漆木俎

图 7　战国中晚期漆木几

图 8 彩漆木床（复制品）

图 9 四龙四凤方案

图 10 战国时期的竹席

图 11 马王堆汉墓出土的彩绘漆屏风

图 12 莫高窟第 138 窟壁画中的椅子

图 13 莫高窟第 85 窟壁画中的桌子

图 14 莫高窟第 9 窟壁画中的椅子

床上置几，这时的几较以前宽，既能置物，又能凭倚，"曲躬奉微用，聊承终宴疲"说的就是几的功能。同时，汉代的几还是等级制度的象征：天子用玉几，冬则加盖绨锦；公侯皆用木竹为几，冬则加盖毛毡。汉代的案也逐步加宽加长或重叠层案，以陈放器具，分为食案、书案及其他用品案，孟光对梁鸿"举案齐眉"的案就是食案的一种。床的后面或侧面立有屏风，由独扇发展到 4 ～ 6 扇拼合的曲屏，可分可合，灵活多用。东汉末灵帝时，可折叠的胡床已传入中国，流行于宫廷与贵族间，但仅在战争和狩猎时使用，便有了"踞胡床，垂足而坐"之说，为后来的高型家具的出现和发展奠定了基础。秦汉时期的漆木家具，继承了战国漆饰技术，进入全盛发展时期，不仅数量大、种类多，而且制作精巧、装饰精致、装饰工艺丰富多样。如马王堆汉墓出土的彩绘漆屏风（图 11），正面红漆地上以浅绿色油彩绘简约纹样，中心绘有谷纹璧，周围绘几何方连纹，背面黑漆地上用红、绿、灰三色油彩绘云纹和龙纹，云纹缠绕，呈升腾之势。

## （二）过渡时期的家具

魏晋南北朝时期是中国历史上充满斗争和融合的时期，这种融合不仅使胡床逐渐普及，而且输入了一些椅、凳等高坐具，尽管当时的人们依然以席地而坐为主，高型家具只在少数上层人家及僧侣中使用，但已使得襟然跪坐、侧身斜坐、盘足平坐、后斜倚坐等多种坐姿共存，是为中国高型家具的萌芽期，见图 12 ～图 14。这个时期的床已增高，上部加床顶，周围施以可拆卸的矮屏；榻也加高加大，下部以壶门作装饰，人可以坐于榻上，亦可垂足坐于榻沿；床上出现了倚靠用的长几、隐囊和半圆形凭几，屏风多置于床上或床后，但形式上已发展为多折多片式。家具装饰上，出现了随同佛教艺术而来的装饰纹样，如火焰纹、卷草纹、莲花图案、飞天图案、狮子图案、金翅鸟图案等。

隋唐是中国封建社会发展的鼎盛时期，南北统一，疆域辽阔，经济发达，中外文化交流频繁。唐文化已成为当时世界上最先进的文化，当时的长安是世界上最为繁华、富庶和文明的城市。唐代家具的造型和装饰风格与博大昌盛的大唐国风一脉相承。唐家具造型大都宽大厚重，显得浑圆丰满，装饰清新华美，将盛唐以丰满为美、以圆为美的美学观点发挥得淋漓尽致，见

图15 《唐人宫乐图》中的家具　　　　图16 嵌螺钿经箱　　　　图17 《韩熙载夜宴图》中的家具

图15。同时，随着垂足而坐习惯的普及和流行，几案由床上移至地上，高度也相应增加；床依然是人们活动的中心，只是由低向高变化，装饰上由简向繁发展，出现了凹形床。唐代装饰工艺除技艺高超的漆工艺外，有许多新的创造和革新，如螺钿镶嵌（图16）、木画等。从敦煌壁画、《挥扇仕女图》、《唐人宫乐图》、《韩熙载夜宴图》（图17）等可以看出，中国家具发展到唐末与五代时，高型家具在品种和类型方面已基本齐全，家具阵容初具规模，为后来家具的发展奠定了良好基础。

图18 周文矩《重屏会棋图》中的家具

　　五代时期虽然历史较短，但在家具发展历史中却是颇具特色的过渡阶段。从周文矩、顾闳中等人大量描写当时现实生活的画卷中可以看出，五代一改唐风，变厚重为轻简，更浑圆为秀直，虽然尚未形成成熟的时代风格，但显著地表现出家具形态的秀丽及装饰的简化，是宋代家具简练、质朴新风的前奏，见图18。

## （三）垂足而坐时期的家具

　　宋、辽、金至元，垂足而坐的生活方式已成为社会的普遍方式，并向居住环境的纵深扩展。这一时期也是中国高型家具的大发展时期。辽、金、西夏历史上与两宋（北宋、南宋）并存，同处一个时期，其政治上、经济上效法宋制，家具也与两宋时期相似，因此，家具上以宋代家具为代表进行分析。

图19 《听琴图》中的宋代家具

　　北宋时期，由于积极采取安邦定国的措施，农业、手工业、建筑及科学技术都得到迅速的恢复和发展，营造宅地、建造园林之风盛行，带来了家具业的繁荣兴旺。桌、椅、案、榻、柜、箱、橱、凳、墩，以及架、台、屏风等，可谓一应俱全，而且每个品种又变化多端、形式多样，见图19～图20。在结构方面，受建筑中梁柱的影响，梁柱式框架结构代替了隋唐时期沿用的箱形壶门结构，结构由繁杂趋向简化，促进新型的高几长案、长桌等的出现；立柱支撑或框架结构代替了唐以来的箱柜壶门开光洞式，促进开光鼓腔圆桌与圆鼓墩的出现；台型结构和案型结构在桌椅上的使用，出现了多壶门托泥至无壶门无托泥的多种形式，桌上出现了夹头榫和插肩榫结构；交椅开始成

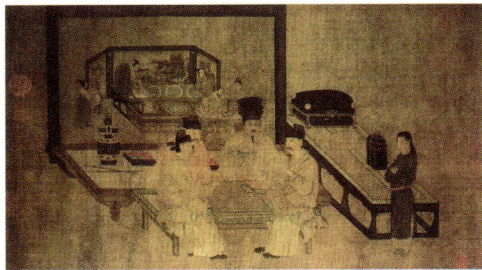

图20 《西园雅集图》中的宋代家具

图 21　抽屉桌

图 22　炕桌

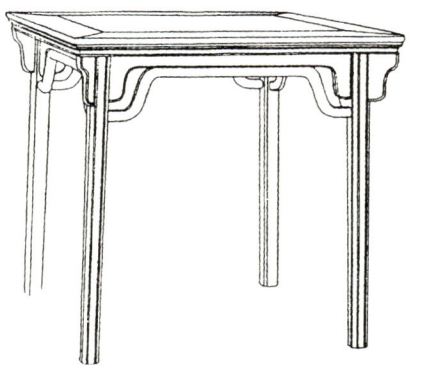

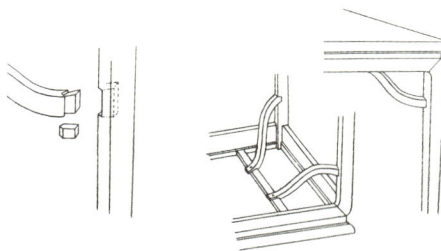

图 23　罗锅枨和霸王枨

形，圈椅、玫瑰椅等椅子的基本范式已经相当完善。整体造型上，北宋时期的家具一反唐代的浑圆与浑厚，变圆形体为矩形体，继承和发展了五代的简洁和秀气，构件间采用推敲过的严谨的尺度比例，形成了简约、挺直、工整、文雅、清秀的主体风格，追求对称美、典雅美、秀气美；南宋时期的装饰比北宋时期的更加细致、柔和，线脚装饰多样而复杂，如花牙子的运用，桌面下用束腰、马蹄形足等。宋代家具的式样，特别受士人居室陈设中高雅的品位和以琴棋书画诗酒花茶为代表的雅致生活方式的影响，这也为明式家具奠定了一个高起点的基础。此外，宋代杰出工匠喻皓的《木经》、李诚的《营造法式》、黄长睿的《燕几图》等对当时的木工业及之后的木工技艺的规范和传播起到了重要的作用。

　　元朝时期，统治者采用汉法，家具方面同样沿袭宋的传统做法，但也出现了一些新的形式和结构。新形式主要表现在桌面的缩入和抽屉桌的出现（图21）。元代家具体量相对较大，形体厚重饱满，在腿足部位和牙板部位多用曲线，使家具整体呈浑圆曲折之势，如图22炕桌所示，鼓腿彭牙，雄健豪迈。装饰上，倭角线盛行，动物曲线腿脚开始运用。同时，元代家具结构上，出现了新的结构形式——罗锅枨和霸王枨（图23）。这两种枨摆脱了直枨的基本形式，着意于装饰，使其结构功能和装饰美化功能得以兼顾。

## （四）鼎盛时期的明清家具

　　明清时期是中国封建社会由盛而衰的发展时期。明初至嘉靖、万历年间，家具生产经历了滞缓至恢复的过程；嘉靖至清朝康熙年间，商品生产迅速发展，民居、园林大规模兴建，海外贸易往来频繁，科技书籍不断涌现，家具生产进入了一个崭新的阶段，这一时期成为中国传统家具发展的鼎盛时期，人们习惯称这段时期出现的家具为"明式家具"。清朝初期，家具沿袭明代风格，造型与结构变化不大。而到了乾隆时期，家具的发展又进入了一个新的黄金时期，这时的家具已形成了与前代秀丽雅致截然不同的风格，而

图 24 太师椅　　　　　　　图 25 清紫檀剔红嵌铜龙纹宝座

是一种被后世称为富丽清尚的"清式风格"。明式家具无论从数量、技艺价值，还是对往今中外家具发展的影响来看，都可称为现代家具设计的艺术典范，所以在下文单独详细介绍。

康熙末年，经雍正、乾隆至嘉庆这段时间，是清朝发展的鼎盛时期，清统治者及达官显贵大肆修建府邸、官邸，以显示他们极高的权力和富贵豪华的气势，贵族中争奇夺富之风浓厚，促进了家具业的新发展，至乾隆后期达到顶峰。清式家具在主体造型和结构上基本继承了明式家具的传统，家具类别上新生了象征等级地位的太师椅，见图 24。清式家具造型整体浑厚庄重，突出表现为用料阔绰、形制庞大、造型饱满；装饰上求多、求满，富贵、华丽，装饰手法集历代精华于一体，雕、嵌、描、绘、堆漆、剔犀等兼取，木石、玉珠、螺钿等并用，通体装饰，不留任何空白，见图 25。清朝家具在片面追求过度的奢华而忽视功能和结构的合理性后，也随着时代的没落而衰退。嘉庆期间家具发展曾出现长时间的停滞，道光年间内忧外患接踵而至，家具业也随之结束了曾经光辉灿烂的岁月。

# 二、明式家具

"明式家具"一词，有广、狭二义。其广义不仅包括制于明代的家具，只要具有明式风格，也不论是一般杂木制的、民间日用的，还是贵重木材、精雕细刻的，均可称为明式家具。其狭义则指明至清前期材美工良、造型优美的家具。

## （一）明式家具产生背景

明朝初期在明太祖一系列休养生息政策的作用下，社会经济得到恢复和发展，手工业出现了蓬勃兴旺的景象，商业获得了空前的繁荣，大、中、小城市都得到不同程度的发展，住宅、园林大修大建，这些都需要大量的家具。同时，明朝重视对外贸易，派使臣去盛产木材的南洋各国沟通商路进行贸易；郑和七次下西洋（以南洋为中心，西到印度洋及非洲东海岸地区）期间，带回了大量优质木材，如花梨木、紫檀木、鸡翅木、乌木、楠木等，这些都为

图 26　凳

图 27　南官帽椅

图 28　玫瑰椅

图 29　交椅

家具在造型艺术、结构、工艺上的创新提供了良好的物质基础。随着当时社会经济的高度发展，人们在生产实践的基础上创作了一批专门的书籍，如午荣汇编的《鲁班经匠家镜》，陈述了有关家具的条款五十二则，并附图式；黄成所撰《髹饰录》，记述了古代漆器制造技术；文震亨所编《长物志》等。在此背景下，明式家具在品种、造型、结构等方面都形成了鲜明而独特的风格。

## （二）明式家具种类

　　按家具的功能来分，明式家具大致可分为椅凳类、几案类、橱柜类、床榻类、屏架类等。

### 1. 椅凳类

　　椅凳类家具样式在明代已相当丰富，有杌凳、长凳、坐墩、交杌和椅子等。凳、杌、墩都是没有靠背的坐具；椅子是有靠背的坐具，且种类繁多，是明式家具中最具特色的坐具，也是代表性坐具。椅子可分为靠背椅、扶手椅、圈椅、交椅、宝座等，每种又有多个类别，如靠背椅又分为一统碑椅、梳背椅、灯挂椅；扶手椅又分为四出头官帽椅、南官帽椅、玫瑰椅。见图 26～图 29。

### 2. 几案类

　　几案类主要有几、案、桌等。几类家具主要用于陈放物品，有香几、茶几、花几、条几、琴几、炕几等，见图 30。案类造型有别于桌类，突出表现为案的腿足不在四角，而是缩进案面，台面大都为独板。明代初期就有平头案，到了中期出现了翘头案，明末又有了架几案；此外还有长而窄的条案、尺寸较大的书案和画案等，见图 31～图 32。桌类结构家具为"桌形结体"，整体

图 30　香几

图 31　平头案

图 32　翘头炕案

图 33　条桌　　　　　　图 34　半桌　　　　　　图 35　琴桌　　　　　　图 36　方桌

可分为有束腰和无束腰两种类型，根据形制和功用可分为条桌、半桌、方桌、抽屉桌、月牙桌、炕桌、画桌、书桌、供桌等，见图 33～图 36。

图 37　圆角柜　　　　　图 38　架格　　　　　　图 39　亮格柜　　　　　　图 40　官皮箱

### 3. 橱柜类

　　橱柜类家具是储藏或陈设物品的家具，见图 37～图 40。柜的形体较大，有两扇对开门，内有隔板，常用的有圆角柜、方角柜、四件柜、炕柜等；橱的形体较柜小些，形如案与矮柜的结合，如闷户橱中的联二橱、联三橱等；架格是以立木为四足，横板分割空间，用以陈放物品，没格或完全空敞，或安券口或圈口，或安栏杆，或加抽屉，或安透棂；而将架格与柜子结合起来的又称为亮格柜，其中一种上为亮格，中为柜子，柜下用矮几支撑的，为"万历柜"或称"万历格"；此外还有官皮箱、衣箱、药箱、百宝箱、提盒等。

### 4. 床榻类

　　一般来说，身窄而长，可坐可卧，只有床身，上面没有任何装饰的称为榻；床上后背及左右三面安围子的称为罗汉床（图 41）；而床上有立柱，柱间安围子，柱上承顶子的称为架子床（图 42）。

图 41　罗汉床

图 42　架子床

图 43　屏风

图 44　衣架

### 5．屏架类

屏风演进到明代，作用已经发生了改变，逐渐成为室内挡风和遮蔽视线的家具，有座屏和折屏两大类（图 43）。架是搁置物品的简单家具，如衣架、盆架、镜架等（图 44）。

## （三）明式家具的风格特征

明式家具是中国传统家具的集大成者。经历朝代的更替、经济繁荣以及各民族文化的融合后，明式家具取得了相当高的艺术成就。它不仅注重材料的质地、颜色和纹理，而且善于运用起伏变化的线条和设计精巧的构件来体现家具的简洁明快和典雅柔美，同时也善于用结构来体现中国之"礼"以及对意境的追求。著名文物专家、学者王世襄先生将明式家具的特点总结为"十六品"，即简练、淳朴、厚拙、凝重、雄伟、圆浑、沉穆、秾华、文绮、妍秀、劲挺、柔婉、空灵、玲珑、典雅、清新，高度概括为"简、厚、精、雅"。从用材、造型、结构、装饰等方面来说，主要有以下四个特点。

### 1．用材考究，科学自然

明式家具选材讲究、用材合理，既发挥材料的性能，又充分利用和表现材料本身的色彩与纹理的自然美。宫廷富宅以花梨木、紫檀木、鸡翅木等优质硬木为主；而民间百姓则就地取材，以楠木、榉木、榆木、樟木等柴木为多。在选材、用材方面既注意木材本身纤维粗细得当、色泽匀净、纹理美观，又善于依据结体部位，分表里，取看面，以恰如其分的尺寸进行粗细随形的处理，且不加漆饰，不进行大面积装饰，充分发挥木材本身的材质美，追求朴实无华的自然美。同时，积极发挥各类材料优势、合理搭配用材，如椅子座面多用上藤下棕的双层做法，使座面具有一定弹性，人坐于其上时略有下沉，身体可以在弹性藤质面上形成良好的压力分布，如此一来，人久坐时不易感到疲劳。

### 2．造型简练，尺度适宜

造型简练，以线为主是明式家具总的造型特点。直线的挺拔、稳健与曲线的流畅、活泼相结合，使家具造型收放有度，刚柔相济。整体上、整体与局部、局部与局部之间符合美学法则的良好比例关系和符合人体工程学的尺度，都是明式家具的美与舒适相统一的保障，体现了明式家具科学与艺术的统一。

## 3．结构科学，精巧美观

明式家具的榫卯结构颇具匠心，极富科学性。如用于凳、椅、桌面和柜门等部件的格角榫攒边嵌板结构，把贯以穿带的心板嵌入四周有道槽的边框中，边框四周用格肩榫攒起来。这样做既尊重木材材性，顺应其干缩湿胀的特性为其留有伸缩空间；又引导木材，限制其伸缩范围，牵制其弯曲形变，保障使用过程中的尺寸稳定性，减少应力作用，延长使用寿命；同时，又不外露木材截面，结构精巧美观。再如在跨度较大的局部镶以牙板、压条、券口、圈口、矮老、卡子花、霸王枨、罗锅枨等以起支托加固的作用。这种结构方法不仅稳定实用，符合力学原理，而且形成了优美的立体轮廓，起到结构性装饰的效果。

## 4．装饰适度，手法多样

除采用结构性装饰外，明式家具还特别注重线脚的设计、点缀性雕刻及金属饰件的使用。线脚主要用于边抹、腿足及牙子、枨子等部位，常用的如面框处上舒下敛的冰盘沿、腿足上常用的文武线、竹板线、碗口线、凹线、阳线、瓜棱线、芝麻梗等，这些线脚刚柔并济，灵活地将曲线、直线组合在一起，又充分利用线与面所产生的光影，丰富家具的造型层次，塑造出自由灵动之感。小面积或点缀性的雕刻起到点石成金的效果，攒接与斗簇、浮雕与镂雕的应用，使得栏杆花饰多样、层次和立体效果丰富。而构图别致、制作精细的金属饰件，既着眼于实用，又凭借其极强的装饰性和艺术感染力，为朴素沉寂的家具带来勃勃生机。

# 三、中国民间家具

所谓"民间家具"是相对旧时"宫廷家具"而言的。民间家具从原始古拙的商周家具开始，经历了"漆木春秋、秦风汉俗、魏晋新风、大唐华彩、五代风貌、宋制完备"的发展过程，至明清时期达到传统家具发展的高峰。但因造型相对简陋、以柴木为主、制作相对粗糙、保存较完整的优秀作品相对较少等原因，民间家具长期处于被忽视的状态。其实，中国民间家具所蕴含的文化价值绝不逊色于宫廷家具，充满了浓厚的地方特色和乡土气息。首先，民间家具为平民百姓所制作和拥有，因而更加贴近生活，反映地域的风土人情，更具地域文化特色；其次，民间家具在造型上不拘泥，重实用，善发挥，迎合大众审美观，更能表现当时的大众文化；再次，民间家具依据地域的自然优势，就地取材，造型简约，用料节省，更符合天人合一、可持续发展的社会要求；最后，民间家具流通性相对较差，传承性强，原生状态好，所携带历史、人文信息更加久远和广阔。

## （一）中国民间家具的研究历史和现状

学界对中国传统家具的研究已有近百年的历史，如法国奥迪朗·罗奇的《中国家具》（1922年）、德国莫里斯·杜邦的《欧洲旧藏中国家具实例》（1926年）、德国古斯塔夫·艾克的《中国花梨家具图考》（1944年）、杨耀的《明式家具研究》（1986年）、王世襄的《明式家具珍赏》（1985年）和《明式家具研究》（1989年），以及之后数十年间陆续出版的《中国家具鉴定与欣赏》《中国古代家具》《中国红木家具》等著作。这些研究大多以明式硬木家具为主要对象，主要介绍收藏心得和鉴定方式，聚焦于时代背景、风格特征、材料、结构、装饰、年代鉴定等方面，是中国传统家具史概说，但多偏重于材质好、做工精良、赏析性高的宫廷家具、官宦家具和文人家具。

对于中国民间家具来说，中国"幅员辽阔、历史悠久、民族众多"和木质家具的易腐易烂、没有题写设计信息的传统等原因，使得研究困难重重，让许多学者望洋兴叹。已故的文物专家王世襄老人，曾面对山西古家具发出"未经沧海难言水"的感慨；中国古典家具鉴定专家陈增弼多年来对民间古家具勤奋研究，但终老之时也未能成书结果。不过，随着地域性家具收藏的兴起，以一些古董收藏和古旧家具修复专家为代表的一派学者，在所积累的民间家具实物基础上，对所在地域的民间家具经过对比性分析和研究，总结形成了家具品类、材料结构、装饰特征、风格演变等方面的研究成果，如《明清苏式家具》《中国民俗家具》《中国川作家具》等。还有一些研究生进行了相关研究尝试，如《皖南民俗家具研究》《山西民间家具的研究》《川西民间家具研究》等。但这些研究对于地大物博、人文历史丰富的中国来说，仅是散乱的零碎片段，缺乏全面而深入系统的研究。

图 45　秧凳

　　2016 年，潘鲁生先生主持的国家社会科学基金特别委托项目"中国民间工艺集成"的开展，为中国民间家具的全面研究起到了很大的推动、集结作用。民间家具研究以省（区、市）为单位，对全国各民族、各地民间家具进行记录，集结不同地域的民间家具特色，全面而系统地辑录民间家具面貌，重视发掘工艺思想，关注家具传统工艺传承、发展、创新和衍生的过程和关系，为建立中国民间家具档案库，尤其是民间家具工艺方面的研究，提供了依据和支持。

　　本书"图说"中的家具为潘鲁生先生所藏民间家具，以山东地区民间家具为多，它们来自平原或山区，海边或内陆；出于农舍或商铺，书斋或闺房；或嵌刻施彩，或古朴素装；或木质莹润，或漆色斑驳；或锯铁包铜，或蒙皮编棕……虽多已残旧，其却以强劲的生命力，生动鲜活地彰显着当年制造者的技艺水平，使用者的身份地位、价值取向，当时社会的政治经济制度、文化发展水平，所在地域的风土人情、历史文脉等等。

## （二）中国民间家具的风格特征

　　中国民间家具既具地方特色又纷繁多姿，但在历史的交融中，又具有一定的统一性，其在功能、材料、结构、技艺、造型及装饰等方面都有规律可循。

### 1. 实用至上，功能多样

　　对于生活尚不富裕的平民百姓来说，家具的首要任务就是满足最基本的生活需要，实用、简易通常是其设计的最基本的原则。而根据实际需要，常将多种功能相结合进行设计，甚至发展出一些新的品种。如图 45 所示的秧凳，又叫秧马、秧船，平常可作为小凳坐于其上或作为儿童玩乐的木马，而其最独特的功能则在于可以帮助农民插秧时在泥泞的水畦中轻松、舒适地坐着劳作，苏东坡在《秧马歌（并引）》中有具体的描述："予昔游武昌，见农夫皆骑秧马。以榆枣为腹，欲其滑，以楸桐为背，欲其轻，腹如小舟，昂其首尾，背如覆瓦，以便两髀雀跃于泥中。系束藁其首以缚秧，日行千畦，较之伛偻而作者，劳佚相绝矣。"

图 46 插肩榫酒桌及插肩榫细节

图 47 柳木圈椅

## 2．就地取材，因地制宜

中国民间家具材料以柴木为主，各个地域家具建材根据当地植被和材料商贸情况选取。如北方多用榆木、柏木、槐木、桑木、柞木、桦木、柳木、松木、杨木等；南方多用榉木、杉木、樟木、梓木、柏木、竹材等。而广州、上海一带多用红木，得益于地理和交通优势。在长期劳作过程中，民间木匠对当地的树种、材性、纹理、强度、色泽等都十分了解，因此在本着物尽其用的精神和口耳相传的传承方式影响下，什么家具用什么材，在民间已形成了一种习惯，而且在同一件家具上，不同材质的搭配也有一套不成文的规矩。如民间工匠中流传的口诀："楠配紫，铁配黄，乌木配黄杨，高丽镶楸木，川柏配花樟，苏作红木楠木瘿，广作红木石芯膛，榉木桌子杉木底，榆木柜子杨木帮。"

## 3．榫卯结构，科学精巧

民间家具同宫廷家具一样，在结构上主要采用榫卯结构接合。接合的榫卯结构主要有框架结构、箱式结构和折叠结构，选择时参考各家具零部件的形状、尺寸、部位、材质等。如桌案类家具腿足与牙条、桌案面接合处的插肩榫（图 46），四足顶端出榫夹住牙条，向上承载桌案面，上截开口，嵌夹牙条，外皮削出斜肩，牙条与腿足相交处剔出相应槽口，当牙条与腿足契合时，又将腿足的斜肩嵌夹起来，形成齐平的表面。这种腿足开口嵌夹牙条、牙条又剔槽嵌夹腿足的做法，使案面的重量通过牙条向四足均衡分散，并且案面上的压力越大，牙条和腿足扣合得越紧，科学而美观。

## 4．技艺略粗糙，或有新的发展

因材料、要求、制作水平等的不同，民间家具技艺一般比不上宫廷家具的精益求精，细节上没那么讲究，甚至较为随意，但有些技艺在民间得到新的发展。如黄河下游沿岸的柳木圈椅（图 47），民间百姓向往高档圈椅而经济水平不及，民间能工巧匠便就地取材创造性地发挥柳木的易弯性能，改圈椅的三五截连接为一木弯曲，满足了百姓的精神追求和物质需要。

## 5．造型简朴敦厚，装饰讲究情趣

民间家具相对简约、敦厚，地域特征明显，如苏式的简约清秀、素洁文雅；广作的大气奢华、装饰西化；晋作的古朴厚重、沉穆劲挺；鲁作的浑厚质朴、内敛中庸。民间家具装饰朴素简洁，多承"明式"，题材丰富、手法多样，而颇具地方特色，既有现实生活的写照，如"喜鹊登梅""渔樵耕读"等，又有出于祈愿的幻想臆造，如"麒麟送子""凤穿牡丹"等。

## 四、中国传统家具的造物思想

"造物"是人类特有的行为方式之一。自人类诞生之日起，造物活动从未停止过，也正是在造物的过程中，人类生命得以延续，文化得以延伸。其造物思想，也从三个层次得以体现，即物质层面的功利性、精神层面的审美性和道义文化层面的伦理性，这三者之间既互相融合，又存在一定的层次结构和递进关系。家具，作为人生活中不可或缺的一个重要组成部分，是典型的人类所造之物，更是中国传统造物思想的集中体现。

### （一）物以致用，以人为本

家具，从古人在地上铺以草叶羽皮为席、石块树墩为凳之始，就是为满足人的功能需要而产生的。其后从席地而坐到垂足而坐的进化过程中，各类家具的出现和发展，也是为更好地满足人的坐、卧、支撑、储藏等的需要而日益完善和发展起来的。在此过程中，先秦诸子思想，以及《考工记》《礼记》《天工开物》等著作对中国传统造物思想影响颇为深远，成为中国传统造物思想主要源头。其中，荀子提出"重己役物，致用利人"的造物思想；墨子提出功利主义原则，极力强调器物的实用性，主张"器完而不饰""先质而后文"，提倡节用，反对装饰；老子在《道德经》中提出"大音希声、大象无形"，这种大道至简的造物风格也是强调在满足人们实用需求的基础上再追求美的形态；《考工记》中要求物品的设计要严格按照人体的尺度、尺寸标准设计，提出"制器尚象"的造物思想，"器完不饰""审曲面势"，由造物过程中实用和审美互融互通的转化和统一，最终上升到"以天合天""天人合一"的高度；东汉王符在《潜夫论·务本》中提出"百工者，以致用为本，以巧饰为末"，阐明了实用与装饰的关系。

这些造物观念首先强调器物的实用功能，提倡物以致用，同时主张以人为中心，人不能为物所驱使、为工具所累，人是物的主宰，物是为人所用。这一思想在具体的造物过程中表现为对家具物质功能与精神功能相统一的追

图 48　四出头官帽椅

求，同时，把人放在了社会人的视角上，把社会对人的需要也看作造物的伦理规范引入家具的形制之中。如四出头官帽椅（图 48），功能尺寸以人体尺度为依据，靠背光素，与人体靠背的曲线相贴合，使人坐于其上时舒适、自然；椅的搭脑和扶手均出头，纵向构件力挺，通体无一丝装饰，结构简练，线条方中带圆，因其形似古代官员的帽子，而被称为官帽椅，从形制上满足了"坐"的功能需要并规范了"正襟危坐"的坐姿，营造并传达了坐姿的威仪与端庄。

## （二）贵和尚中，天人合一

贵和尚中是中国传统思想的一个重要范畴，中和思想是由先秦的尚中思想、尚和思想和孔子的中庸思想发展而来的。贵和尚中是儒家、道家和禅宗共同的理想。中和既是一个哲学范畴，也是中国美学史上影响深远的美学原则，是中国一种较为广泛而稳固的传统造物观。在中国传统家具造物上，表现为以适宜为美，注重功能与形式的完美结合，强调形神兼备、和谐平衡；对不同材质相宜并用，注重天工与人工的融合；强调"违而不犯，和而不同"，以能虚实相生，取长补短，兼容并蓄，营造出虚实相生的空间视觉效果。

这种"和"的思想使人在处理人与自然的关系时，从和谐共生的角度出发，达到了"天人合一"的境界。在《庄子·齐物论》中有"天地与我并生，而万物与我为一"的论述；《孟子》中有"仁者，以天地万物为一体"的教诲，是将自然与人类看成一个整体；《髹饰录》中提出"凡工人之作为器物，犹天地之造化"，"利器如四时、美材如五行。四时行、五行全而百物生焉"；《考工记》中记载"天有时，地有气，材有美，工有巧，合此四者，然后可以为良"，从而揭示万物都是由"天""地"孕育而生。优秀器物的制作在"天时、地气、材美、工巧"四个方面缺一不可，造物活动要努力实现"天""地""人"三者之间的有机统一，尊重自然、顺应自然、利用自然、师法自然，直至"天人合一"的完美境界。这一思想更是在明式家具中体现得淋漓尽致。如明式

图 49　明式黄花梨圈椅

黄花梨圈椅（图 49），因圆形靠背如圈而得名，椅盘上构件圆润流畅，椅盘下腿足四平八稳，形成上圆下方之势，暗合天圆地方、承天象地的传统思想；圈椅左右对称，椅圈外扩内敛，椅腿外圆内方，柔和中透着刚强，灵动中显现挺立，传达出中和、含蓄的人文情怀，体现出贵和尚中的造物思想。圈椅取材天然，通体光素，除靠背板上有点缀性雕刻、扶手鹅脖之间和结构性牙条外再无其他装饰，素朴自然以现材美，而整体符合人体工程学的尺度比例及细节上的体贴、巧妙处理体现了对就座者人性的关怀，攒边打槽装板、楔钉榫等结构样式顺应木材材性而又不乏创造性；虽由人作，宛自天开，实现了人、物、自然的和谐共生，达到了"天人合一"的境界。

## （三）礼藏于器，读器通史

中国自古有"礼仪之邦"的誉称。"礼"是中国文化的标志，如朱熹所言，"天下无一物无礼乐"，"礼"几乎涉及中国古代生活全部内容的伦理规则。礼既是规定天人关系、人伦关系、统治秩序的法规，也是约制行为方式、思想情操、伦理道德的规范，它带有强制化、规范化、普遍化、世俗化的特点，渗透到中国古代社会生活的各个领域。在这样一种文化背景下，中国传统家具也被深深地打上了传统伦理与礼制的烙印，家具的功用、形态、材料、结构、装饰、陈放等无不受其影响甚至被其左右，使得"家具"这一器物不但承载了当时社会的科技工艺、经济发展水平等方面的物质特征，还浸透着中华民族历史进程中的政治制度、宗教信仰、文化艺术、社会道德、边疆外交等方面的历史痕迹，蕴藏着特定历史时期的价值观念、伦理道德、风俗习惯、思维模式、生活方式和审美情趣等方面的人文信息，在很多情况下成为中国封建礼仪文化的表述工具，起到"无言的教化者"的作用。

且不说专门的礼仪家具，就是普通的日用家具也处处体现礼的规范。如中国最古老家具之席与几，《周礼·春官》中就记载："司几筵掌五几五席之名物，辨其用，与其位。""五席"是指缫席、次席（竹席）、莞席、蒲席和熊席（以熊皮或兽皮为席）；"五几"是指玉几、雕几、彤几、漆几和素几。《周礼·司几筵》中明确规定："凡大朝觐、大飨射，凡封国、命诸侯，王位设黼依，依前南乡设莞筵纷纯，加缫席画纯，加次席黼纯，左右玉几。祀先王昨（酢）席亦如之。诸侯祭祀席，蒲筵缋纯，加莞席纷纯，右雕几；昨席莞筵纷纯，加缫席画纯，筵国宾于牖前亦如之，右彤几。甸役则设熊席，右漆几。凡丧事，设苇席，右素几。其柏席用萑蘸纯，诸侯则纷纯，每敦一几。"可见，在周朝的礼乐制度中，席与几从材质、数量、色彩、纹样、形制等除讲究实用功能外，都被明确赋予了等级礼制的精神属性，当然，我们也可以根据家具的造物特征反推当时的人文历史、伦理道德等，读器通史，分析当下，为现代设计所用。

图

说

桌案类

八仙桌

　　此桌从整体形制看属方桌的一种，在民间又被称为"八仙桌"。因桌面每边长度相等，各边可以坐两人，四围合坐八人，犹如八仙，故得此名。又因其用料经济、结构牢固、形象大方、实用性强，成了使用最多的中国传统家具之一。人们过去除用它吃饭、宴客外，还用它来敬神和祭祖。

　　此桌圆腿，无束腰，采用裹腿直枨。枨间有立柱（矮老）两根，只在中间位置打槽装绦环板，绦环板透雕器物纹，也有在绦环板的部位安装抽屉，利用每面正中的一块或旁侧的一块造成抽屉脸。绦环板左右两侧的角牙做透雕卷云纹，以增强桌角的稳定性。此桌边抹不厚，面板光净，冰盘剁边，与桌腿衔接处圆润饱满，辗转回合，取舍无迹。所谓"垛边"，即沿着边抹的边缘加一条木材，用两层木材重叠而成，这样一看，仿佛边抹是用厚材造成的；另外，垛边的使用还便于将劈料的造法运用到边抹上。

规格 /

960 mm×960 mm×860 mm

材质 /

槐木、椴木

地域 /

山东

规格 /
880 mm×880 mm×840 mm
材质 /
椴木
地域 /
山西

## 马蹄足方桌

此桌面四条边尺寸相等，属方桌。方桌一般有大、中、小三种尺寸。按照北京匠师的习惯，约三尺见方、八个人可以围坐的方桌叫"八仙"，约二尺六寸见方的叫"六仙"，约二尺四寸见方的叫"四仙"。方桌可以贴墙放，靠窗放，贴着长形桌案放，或四无依傍，室内居中放，然后配置四个机凳或坐墩。柴木制的方桌更随处可用，是人家必备之具。[①]

①王世襄编著:《明式家具研究》，生活・读书・新知三联书店，2013，第97页。

　　此桌桌面采用攒边装板结构，平整光素，四腿直落而下，内翻马蹄足，牙子和腿足的轮廓构成一个完整的空间，牙子每面正中都装有扁小的暗抽屉一具，以便存放生活小物件。角牙由夔龙纹构成，既增强了每一个角的稳定性，又起到一定的装饰作用，牙条与腿足起边线，与角牙融为一体。角牙在明式家具中被广泛使用，它们多位于横竖材的丁字形交接处，目的是堵塞转角，加强结点刚度，固定构架；同时又可以在上面施加雕刻，起装饰作用。

## 两屉书桌

　　此桌桌面下设有抽屉，两端有小吊头，是介于桌与案之间的一种结合体，又叫抽屉桌。从功能来说，它适宜当作条案使用，并可在抽屉内存放物品，如果形制相同，而尺寸加宽加大，北京匠师又称其为"书桌"。

　　桌面攒边装板，面下设抽屉两具，抽屉面板贴雕花券口，不甚精工而趣味淳朴，富乡土气息。抽屉下设牙条，浮雕卷草纹极圆熟。此桌四腿为直足，前后腿间设有一根横枨，出透榫与腿足相连接。

规格 /

1450 mm×660 mm×850 mm

材质 /

槐木

地域 /

江西

## 两屉长条书桌

　　此桌桌面长度超过宽度的两倍，为长条书桌，形制窄而长，无束腰。桌面攒边装板，冰盘沿线脚（"冰盘沿"是家具中常用的一种线脚，是边框外缘立面各种上舒下敛线脚的统称）。面板侧边的线条柔和，给人以舒适感。

　　桌面下设抽屉两具，抽屉脸刻浅浮雕花卉纹和回形纹，中间安方形面叶，有拉手。桌面与腿足连接处设雕花草纹的角牙，前后腿间有一根横枨，出透榫与腿足相连，腿足与抽屉下的横枨连接处设角牙，透雕卷草纹。此桌通体饰红漆，属红妆家具中的一种。

规格 /
1660 mm×650 mm×890 mm
材质 /
椴木
地域 /
浙江

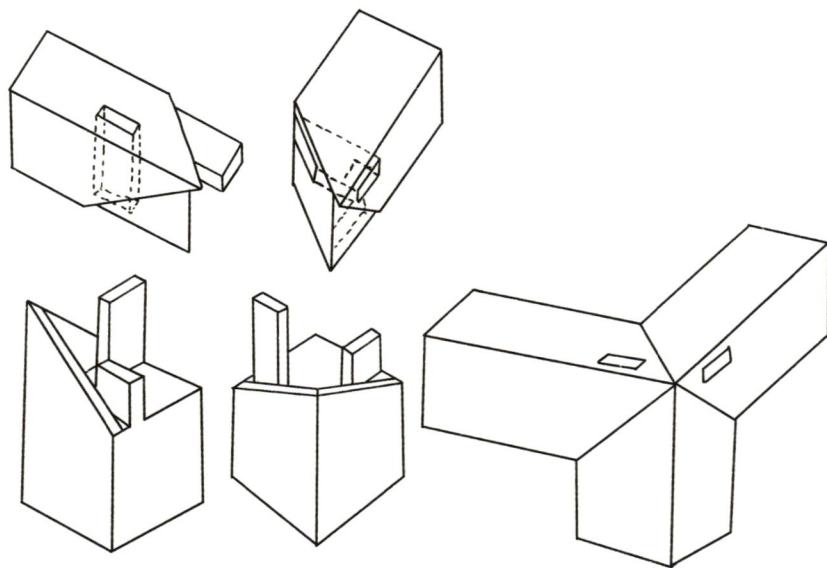

## 二斗小桌

　　此桌形制简洁，桌面下设抽屉两具，抽屉脸安有铜制拉手，抽屉下的横枨和腿足采用格肩榫相连，沿边起灯草线，四腿足端内翻马蹄足，桌面边框与腿足采用粽角榫连接。"粽角榫"又称"三碰肩"，在腿与板面边框衔接处削出 45 度斜肩，斜肩内侧挖空，板面边框转角处靠下一点的位置亦剔成 45 度斜角，组合时边框斜角正好与腿上的斜肩吻合，使得边框外沿与腿子拼合成一个平面，外观非常整齐、简洁，外形近似一只粽子的角。

规格 /
960 mm×590 mm×855 mm
材质 /
柳木
地域 /
江西

## 有束腰带托泥月牙桌

此桌桌面呈半圆状，匠师们称为"月牙桌"，取圆桌的一半。月牙桌有直腿、三弯腿、蚂蚱腿等不同形式。腿下有马蹄足，或带有托泥。家具中有的腿足不直接着地，另有横木或木框在下承托，此木框即称为"托泥"。桌面之下，有的有束腰，有的无束腰。月牙桌可依墙而立或背倚屏风，或者两两组合成大圆桌放在厅堂正中位置，摆放较为方便，其桌下往往施以三足或四足。①

①王世襄编著：《明式家具研究》，生活·读书·新知三联书店，2013，第141页。

规格 /
950 mm × 550 mm × 880 mm
材质 /
榉木
地域 /
山东

　　此桌桌面攒框打槽，镶装面心，有束腰。束腰下的托腮宽厚，是为与面板的线脚相称，以便形成须弥座的形状；也因托腮须打槽装嵌板绦环板。牙子、托腮、束腰分别制作，是用所谓的"真三上"的方法制成。牙条呈弧形外撇，上雕兽面纹、卷草纹、回纹、螭纹。此桌四足，腿部顶端出榫，腿牙相交，采用插肩榫。此桌腿足向内收敛后又向外翻出，整个腿型上粗下细，遒劲有力；腿部之下有托泥，托泥下设龟足，制作技艺要求较高，造型优美。

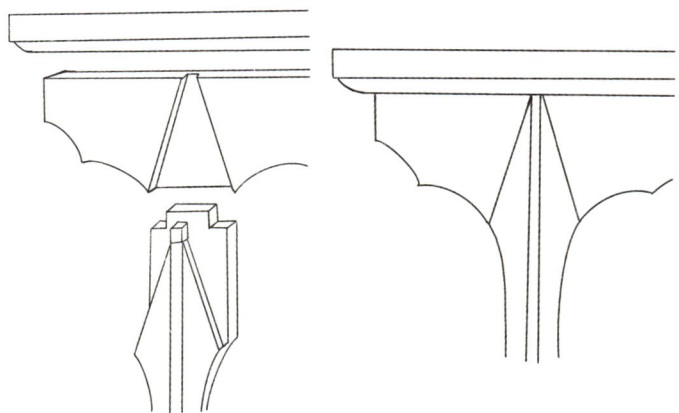

## 夹头榫带托子翘头案

　　此案属条案的一种，条案也可称为"条几"，是各种长方形几案的总称，也是中国古代厅堂陈设中最常见的家具之一，往往依墙置于八仙桌和座椅的后面，既可作陈设用，又可摆设装饰物品，兼备礼仪功能与使用功能。条案的面板分平头和翘头两种，案面两端平齐的叫"平头案"，两端高起的叫"翘头案"。在平头案和翘头案之中又各有夹头榫和插肩榫两种造法。夹头榫式的条案造法变化很多，归纳起来，可以分为三类：（1）四足着地，足间无管脚枨；（2）四足着地，足间有管脚枨；（3）足下带托子。而插肩榫的条案结构比较单纯，多为四足着地，不带管脚枨或托子，其主要不同只表现在牙子、腿、足的轮廓、线脚及花纹装饰的变化上。[①]

　　此案通体为槐木质地，用料完整，体积较大。案面攒边打框，平整结实。案面两边有翘头，翘头曲线精细流畅，四条腿上端打槽，夹着牙头与案面相交，属夹头榫结构。牙头浮雕拐子龙纹，两首相背，龙身蟠卷，组成图案，与牙头的外形相融合。案足落在两根横木托子上，之间用挡板连接，有透雕花纹做装饰。托子之下，两端有足底，另安装在下部隐藏。安装托子可使四足不直接着地，避免四足腐朽，而托子的底足，可将托子架空，若有损坏，只需要更换底足就可以。此案整体造型稳重而不失俊秀，华美又不失质朴。

①王世襄编著：《明式家具研究》，生活·读书·新知三联书店，2013，第116页。

规格 /

2560 mm×470 mm×970 mm

材质 /

槐木

地域 /

山东

## 三屉翘头炕案

从整体形制上看此家具属炕案类。炕案是案形炕几，是矮形桌案的一种，一般采用与大型条案相同的结构和做法。炕案比炕桌窄，炕桌的桌面较大，近似正方形，而炕案面板较小，呈长方形，腿足短且四足缩进，不在四角，通常顺着墙壁置放在炕的两头，上面可以放置用具。除了放在炕上靠墙使用外，也可以摆在室内地上使用，轻巧易搬动。现在北京故宫博物院各宫殿的床、炕上还陈设着这类家具，反映了当时的使用方式和使用环境。

此炕案案面呈长方形，两端平装翘头，有别于平头案，腿部出透榫露于桌面。案面下装有三具抽屉，每个抽屉配有铜把手，带抽屉的炕案应为清代中晚期或之后制品。从装饰来看，角牙和牙板采用了大片雕镂的卷云纹，构图饱满，线条有力，刀法圆转自如。

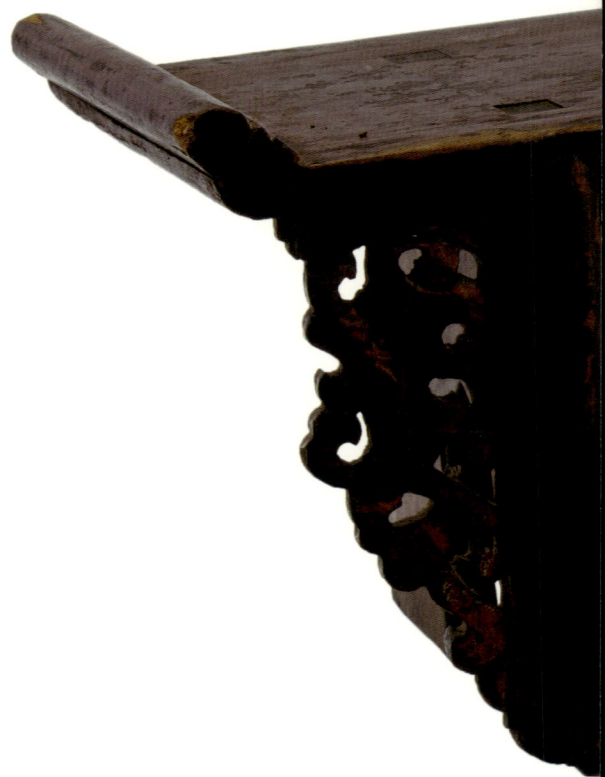

规格 /
930 mm×220 mm×260 mm
材质 /
杉木
地域 /
山东

## 联三橱式翘头炕案

　　此案属炕橱的一种，因带抽屉和闷仓，造型接近闷户橱，具有三屉而被称为联三橱式炕案，兼有承置和储藏两种功能。案面与桌案一样可以摆放物件；抽屉及下面的空间闷仓可以存放东西。案面两端有翘头，冰盘边沿，无束腰，两条横枨以格肩榫交于腿子，案面下三个抽屉以短柱相隔，两边抽屉脸安带铜饰件鱼型拉手。

　　抽屉下设闷仓，闷仓立墙中加三个立柱，分四段安装，仓内可以存放物品，只有拉出抽屉才能取出仓内物品。腿足外侧有挂牙，挂牙选用了浮雕透雕相结合的装饰手法，在一定的浮雕面积之外，再稍加透雕，除挂牙外无太多装饰。此炕案整体造型简单别致，功能和装饰性能兼备，是一件传统家具中的精品。

规格 /
1340 mm×460 mm×470 mm
材质 /
柳木
地域 /
山东

## 联三橱式平头炕案

　　该炕案除了案面和挂牙，整体形制与上例基本相同，此案案面平整无翘头，冰盘边沿，抽屉脸安水滴型拉手，横枨以格肩榫交于腿子。在传统家具横竖材料的交接中，一般以格肩榫相接，榫头在中间，两边均有切成三角形或梯形的榫肩，所以不易扭动，坚固耐用，经常用在方材或圆材丁字型结合的结构中。

　　格肩榫又分为大格肩、小格肩，实肩、虚肩。大格肩即《营造法式》小木作制度所谓的"撺尖入卯"，小格肩则故意将格肩的尖端切去。这样在竖材上做卯眼时可以少凿一些木料，借以提高竖材的坚实程度。大格肩榫又有带夹皮和不带夹皮两种做法。格肩榫部分和长方形的阳榫贴实在一起的，为不带夹皮的格肩榫，又叫"实肩"；格肩榫部分和阳榫之间还有开口的，为带夹皮的格肩榫，又叫"虚肩"。[①]

　　上例炕案的挂牙选用了浮雕透雕相结合的装饰手法，而此案的挂牙装饰回纹。回纹是由水平和垂直的方形或圆形短折线图案组成的，形如"回"字，故又称"回纹"。其构成形式回环反复，延绵不断，在民间有"富贵不断头"的说法，有吉祥绵长、福寿深远的寓意。

规格 /
1302 mm×405 mm×455 mm
材质 /
柳木
地域 /
山西

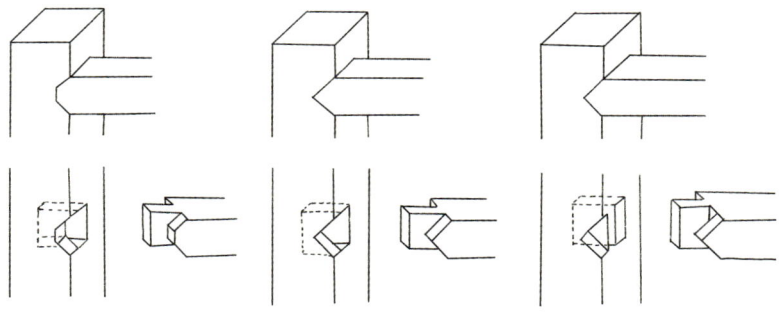

# 茶几

　　茶几是专门用来摆设茶具的家具，高度与扶手椅的扶手相当，一般夹在椅子中间，摆设在大厅之上。茶几与炕几有很多相似之处，多与会客、宴饮有关，其几面多为正方形和长方形。

　　此几几面攒边打框装板，边框四周用格角榫攒起，几面下设束腰，由上到下依次分为三段，设有抽屉、闷仓、开敞的小格。抽屉脸安带圆环拉手，抽屉及下面的闷仓、小格可以存放物品，下面横材交接处的牙条呈分心花状，沿边起灯草线。腿足足端向内侧翻，自然流畅，为内翻马蹄足。此几形制简练典雅，古香古色。

规格 /
350 mm×350 mm×865 mm
材质 /
榆木
地域 /
山东

规格 /

395 mm×395 mm×260 mm

材质 /

槐木

地域 /

山东

## 棋桌

　　棋桌是一种专用于打双陆或弈棋的方桌或长桌，明清时相当流行，今统称为棋桌。明清时期的棋桌设计巧妙，制作精美，桌面能活动，一般为双套面，个别的有三层。下棋时拿下一层桌面，便见棋具。不用时，盖上桌面可当一般桌子使用，这种棋桌在今天叫作"活面棋桌"。①

　　此桌桌面为正方形，攒框打槽，镶装面心，桌面上刻有方形棋盘。束腰打洼，束腰下有牙条包裹着四腿，牙条上雕刻着连续的回纹，足下承接托泥，以增稳重之感。此桌整体形制自然稳固，造型规范，工艺精巧。

①张加勉编著：《中国传统家具图鉴》，东方出版社，2010，第84页。

规格 /
885 mm×545 mm×300 mm
材质 /
椿木
地域 /
山西

## 马蹄足罗锅枨小炕桌

　　炕桌是矮形桌案的一种，多在炕上、大榻或床上使用，和普通桌子的形状相同，炕桌的长宽比大约为 3∶2，用时放在炕或床的中间。它可以采用桌案的结构，也可以采用凳子的结构，基本式样分为有束腰和无束腰两种，无束腰炕桌基本式样为直足，足间施直枨或罗锅枨。有束腰炕桌基本式样为全身光素，直足，或下端略弯，内翻马蹄，还有束腰三弯腿式，束腰齐牙条式，高束腰加矮老装绦环板。另外，还有折叠腿、活腿等地下炕上两用的桌。[①]

　　此桌全身光素，采用了凳子的结构，有束腰，腿足间设有罗锅枨。罗锅枨与束腰之间用矮老相连，内翻马蹄足，"矮老"为短柱，多用在枨子和它上部构件之间。此桌的束腰、牙条与腿足连接时使用抱肩榫，腿足在束腰的部位以下，切出 45 度斜肩，并凿三角形榫眼，以便与牙条的 45 度斜尖及三角形的榫舌契合。斜尖上还留有断面为半个银锭形的"挂销"，与开在牙条背面的槽口套挂。桌面四角攒边打槽装板，结实耐用，整体形制简练、朴实无华，尽显质朴之美。

①王立军编著：《古典家具鉴赏与投资》，中国书店，2012，第 153 页。

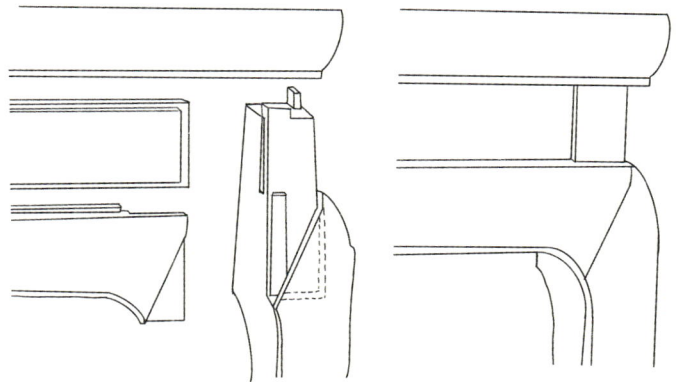

## 雕草龙纹四面平炕几

　　炕几、炕案相对炕桌要窄一些,顺着墙壁置放在炕的两头。炕几始于宋代,从明代开始渐渐盛行,明清两代使用非常普遍,主要流行于北方地区。炕几不仅可以采用大型条案做法,也可以采用凳子和屉柜的做法,形式丰富多样。从结构上看,此炕几采用四面平的粽角榫结合,几面攒边打槽装板,四个侧面嵌透雕绦环板,下设托角牙加固。"托角牙"又叫"倒挂牙子",是呈三角形或"L"型的角牙,一般安装在家具腿足与牙条的连接处的下侧,或横材与竖材相交的拐角处,起固定及装饰作用。

　　此炕几四面装饰的绦环板雕饰卷草龙纹,线条卷舒有致、婉转流畅,富有动感和张力。草龙纹是龙纹图案中的一种,为民间所用,不是皇家专用的龙纹,而是将龙纹与草形高度图案化,把龙纹演化成了"龙头草身"。头部是龙的形象,龙尾及四足均变成卷草纹样,并可随意发生变化,借以取得圆婉之势,栩栩如生,有吉祥、幸福、美好之意。草龙纹既满足了劳动人民对龙纹图腾的崇拜,也规避了当时的封建制度的制约,在民间建筑、家具、瓷器等装饰上广泛应用。

规格 /

600 mm×260 mm×280 mm

材质 /

松木

地域 /

山西

## 卷草纹券口二屉炕几

　　此炕几整体由三块板组成，足底平直落地，两端立板光素，造型古朴。前面设有抽屉两具，抽屉面有圆形花纹吊牌。吊牌是铜拉手的一种，均为片状的铜饰件，多与面页配合使用。安装吊牌便于牵引柜门或抽屉，形式多样。常见的吊牌有椭圆形、长方形、瓶形、钟形、双鱼形，等等，通常上面雕刻各种花纹，装饰性较强。

　　抽屉下装有券口直到足底，券口上雕刻卷草纹做装饰，线条圆转顺畅。卷草纹也叫"卷枝纹"，由忍冬、牡丹、兰花、菊花等花草枝茎作连续波曲状排列，构成二方连续图案，始于汉代，在唐代广泛流行，线条曲卷连绵，圆润华美，花朵繁复华丽、层次丰富，反映了唐代的艺术风格，故有"唐草纹"之称。

规格 /

470 mm×190 mm×180 mm

材质 /

杉木

地域 /

山西

## 雕拐子龙纹炕几

　　此炕几的结构为三块厚板直角相交，几面呈长方形，由整板制成，纹理清晰，几面平整，棱角浑圆。足底向内兜转，呈卷书状，沿着三板的里口贴板条，浮雕拐子龙纹，既美观，又起到了稳固炕几的作用。除券口雕拐子龙纹外，其两端立板浮雕圆形寿字纹。

　　拐子龙纹又称"拐子纹"，也是变体的龙纹，起源于草龙纹，和草龙纹一样都是将龙抽象化，注入祥云、花草，使它看起来似龙非龙，似云非云，不会僭越皇家，因此广泛应用在民间器物的装饰上。

　　此炕几两侧有浮雕，刻有圆形寿字纹。寿字纹是文字纹的一种，由"寿"字组成的纹样，经过图案化和艺术化处理，成为吉祥的象征。"寿"字在纹样中的变化极为丰富，有三百多种图形，既有多字构图的，如"百寿图"；也有单字构图的，按其外在形态可分为圆寿、长寿和花寿三种类型。此炕几雕有单体圆寿纹，其特点在于书写时将寿字的笔画向四周延伸弯曲，变形为四个对称等份，并将"寿"字写成一个圆形，有圆满长寿的吉祥寓意。

规格 /
840 mm×430 mm×380 mm
材质 /
楸木
地域 /
山西

## 雕拐子龙纹炕几

　　此炕几造型结构与上例大致相同，由三块厚板相交而成，前面牙子中间
浮雕寿字纹。此寿字纹左右基本对称，似一中分花，两侧及挂牙装饰雕满拐
子纹与折枝花草纹，两种不同的纹样相结合，给人一种方中带圆的效果，整
体线条流畅，雕饰精美。

　　此炕几几面与板腿相交用暗榫角结合，因为两部件结合后不露榫头，所
以也叫"闷榫"，现代木工也称"全隐燕尾榫"。板腿两侧均有寿字纹图案。
从图中看出，四角均有一只蝙蝠，中间为寿字，即"百福捧寿"纹，构图十
分简洁大方。有"四蝠如意""四面来蝠""四蝠闹寿"等寓意，隐喻"四季
皆福"。

規格 /
630 mm×210 mm×200 mm
材质 /
楸木
地域 /
山西

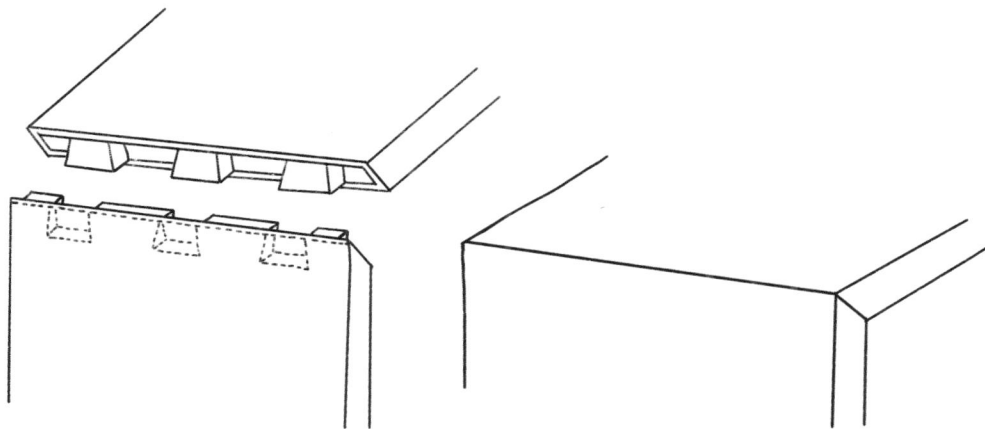

# 椅凳类

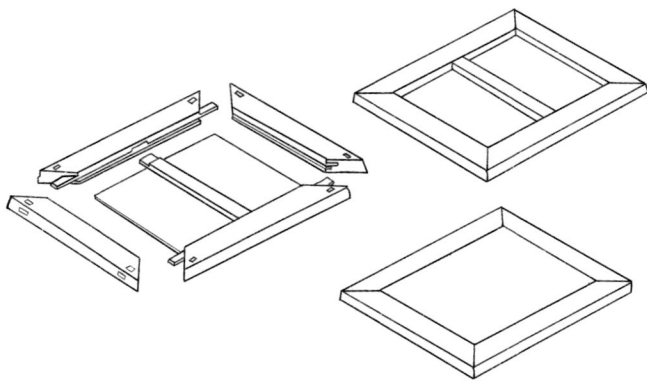

## 有束腰马蹄足罗锅枨小方凳

　　凳是一种没有靠背的有足坐具，多为木制，也有陶制的。凳子早期又称"杌子"，杌本是胡床的别名，俗称"交杌"。随着椅凳名称的广泛使用，杌也就明确地专指无靠背可折叠的凳。凳子早在汉代就已经出现，到明代，凳的种类式样增多。明代《正韵》称："凳，几属。"明代《事物绀珠》称："凳，长跳坐器，有春凳、靠凳、螺钿凳等"。凳的结构特征：最高处是平面，下有腿足。凳可供人坐憩以及摆放物品，这一点也是与香几、茶几相接近的。①

　　此凳为有束腰方凳，多用方材，束腰、牙条与腿足连接时使用抱肩榫。座面采用四角攒边结构，打槽镶装心板，把心板嵌入四周有槽的边框中，边框四周用格角榫攒起来，下面以穿带固定。使用攒边结构可以使板面与框体结合稳定，不易变形；还可避免暴露木材的横截面，更为美观耐用，另外，当面板因干湿膨胀收缩时，可以为面板木材的胀缩变形留有足够的空间，不会造成整体结构的松动和家具形体的变形。腿足间设有罗锅枨，下有马蹄足内翻，马蹄足造型来源于壶门床及须弥座。此凳整体线脚简练，比例适当，用材粗硕，因而显得格外朴实。

①胡德生主编：《古典家具收藏入门》，印刷工业出版社，2011，第38页。

规格 /
340 mm×340 mm×300 mm
材质 /
榆木
地域 /
山西

规格 /
370 mm×370 mm×420 mm
材质 /
榉木
地域 /
山西

## 直足裹腿罗锅枨方凳

　　此方凳体型较小，属无束腰机凳的一种，圆材，边抹素混面较薄，无牙子，整体结构简练。此凳设罗锅枨，且罗锅枨采用"裹腿做"，也叫"圆包圆"，是无束腰家具中的一种常见结构，即四枨相交处高出腿足的表面，仿佛缠裹着腿一样。其做法是将两个枨子外面倒混面，在圆腿的地方榫卯相接，形成了两个圆的混面包裹着圆腿的样子。而"罗锅枨"是一种中间部位向上凸起的曲形横枨，呈拱背形，具有曲直的线条美，常与矮老、卡子花搭配使用。此凳座面攒框装心板，圆形腿足直落地面，与凳面以榫卯相连，有大漆做修饰，通体光素，具有明式家具简洁明快的特点。

　　此凳选用榉木来做，榉木也写作"椐木"或"椇木"，在民间使用极其广泛，木材质地均匀，抗冲击摩擦，经久耐用，但缺点是易开裂。

## 长方凳

长方凳较为常见，多以一板为面，比条凳短，四腿侧脚明显，俗称"四腿八挓"，供一人使用。长方凳的结构和方凳一样，分为有束腰式和无束腰式两类。束腰长方凳的足一般为内翻或外翻马蹄足；而无束腰的长方凳都用直腿，腿足的足端不做任何装饰。此凳整体均用方材制作，凳面呈长方形，边抹素混面，无束腰无牙子，四腿侧脚，向外撇成八字形，四腿出透榫与凳面连接。直枨前后面各一根，侧面两根，亦出透榫与腿子连接。长方凳整体形制简单大方，是民间较为常见的一种家具。

通过纹路可以看出此凳采用榆木材料，古有"北榆南榉"之称。北榆是指以"晋作"为代表的北方民间的榆木家具；南榉则是以"苏作"为代表的南方民间常见的榉木家具。

规格 /

545 mm×255 mm×530 mm

材质 /

榆木

地域 /

山东

## 无牙条三足圆凳

　　圆凳，又称"圆杌"，因座面为圆形而得名，是一种杌和墩相结合的高型坐具，没有靠背。其做法与一般方凳相似，带束腰的占大多数。圆凳的腿足有方足和圆足两种，方足的多做出内翻马蹄、罗锅枨或贴地托泥等式样，凳面、横枨等也都采用方边、方料；圆足的则以圆取势，边棱、枨柱至花牙等皆求圆润流畅，不出棱角。[①]

　　此凳座面为圆形，无束腰，无牙条，三腿为方材，出透榫与凳面相连，腿足间采用直材角接合，使腿足结构更稳固。此凳线脚流畅，比例完美，是民间坐具中常见的样式。

①张加勉编著：《中国传统家具图鉴》，东方出版社，2010，第56页。

规格 /
310 mm×310 mm×510 mm
材质 /
榆木
地域 /
山东

规格 /
290 mm×290 mm×530 mm
材质 /
榆木
地域 /
山东

## 有牙条三足圆凳

中国民艺馆·家具

　　此凳座面为圆形，座面下设牙条，牙条有三块，分布在三腿间，三腿为方材，腿足间用三根直材交叉接合。腿足下端向外弯曲，形成更大支撑面，增加了凳子使用时和视觉上的稳定性，整体造型洗练，柔和流畅。

**半叶梅花凳**

　　明代以前，凳子只有方凳、圆凳两种形式；清代以后，除了方形、圆形的凳子外，还出现梅花凳、海棠式凳、桃式凳、扇面式凳等新样式，其造型独特，个性鲜明。梅花凳是一种颇有特色的凳子，式样较多，做法不一，其中以鼓腿彭牙、下置托泥的式样为最美。一般座面呈五瓣梅花形，而此凳的凳面设计采用的三瓣梅花叶，故称半叶梅花凳。

　　此凳的凳面边抹素混面压边线，无牙子，三腿为圆材，腿柱明榫相接。三角形的腿柱和其他形状相比，可以降低重心，提高稳定性。腿足间采用六根方材相互交叉接合，每根横杖端头跟腿柱做明榫相交，而端尾跟另一跟横杖三分之二处做明榫相交，六根横杖环环相套，在腿部重心形成三角形支点图案，其结构复杂且牢固，整体造型别致优美，小巧精制。

规格 /
385 mm×280 mm×523 mm
材质 /
榆木
地域 /
山东

## 有牙条半叶梅花凳

　　此凳和上例一样同为半叶梅花凳，此凳的凳面比上例的凳面略宽，凳面前端有牙条，牙条中间有浮雕纹样，两端有角牙与牙条相呼应。三腿出透榫与凳面相连，腿为多边形，腿足间有两根桄形成"T"型结构，一根连接前面的两腿，另外一根从后面腿部用直榫与横桄中部连接，以"T"型结构使三条腿足形成稳定结构。三个椅脚特意设计成向外微撇，有效支撑了整体结构。整体形制古典而优雅，线条流畅，简约而稳定。

规格 /

475 mm×265 mm×530 mm

材质 /

榆木

地域 /

山东

**蝙蝠纹小机凳**

　　此凳形制较小，属于民间日用家具的一种。从漆下裸露的木材纹理看，此凳是用柞木制作而成的，柞木易烘干，久放不变色，在朝鲜也较为常见，北京匠师过去又称它为"高丽木"。

　　此凳结构简单，凳面为平板，座面下由四块雕刻蝙蝠纹的面板构成，两侧板的腿足侧斜显著，腿足间锯出三角形结构，很是实用。蝙蝠纹是中国传统寓意纹样之一，蝙蝠因为与"富""福"谐音，被当作幸福的象征，此凳雕刻的蝙蝠纹翅膀张开起舞，结构对称，配以卷曲的外形，如祥云般优美。

规格 /
375 mm×155 mm×260 mm
材质 /
柞木
地域 /
山东

**素牙头二人凳**

　　此凳从整体形制来看，属长凳的一种。长凳是指凳面狭长、没有靠背的坐具，为民间广泛使用的一种家具。长凳有二人凳、条凳（又称板凳）、春凳三种，凳面长与宽的差距较大，为窄长条形，四周饰以牙子、吊头，可供两三人同坐。二人凳的凳面较条凳宽。

　　此凳以榆木制成，长宽比较大，可供两人就座。凳面面板较厚，边抹格角攒框，平镶独板芯材，起冰盘沿线脚，牙头为素牙头（无雕饰的牙头），与素牙条合掌相交，沿边起灯草线，圆材腿子上端采用夹头榫与凳面连接，两侧双枨采用方材出透榫与腿子相连，直足落地。此凳周身光素无饰，造型简洁流畅，古朴端庄，是民间常见的家具器型。

规格 /
1195 mm×315 mm×505 mm
材质 /
榆木
地域 /
山东

**草龙纹牙头条凳**

　　此凳为案形结构，从形制看属条凳。条凳的大小长短不一致，形态多样，尺寸较小，多用柴木制成的也称"板凳"；尺寸稍大的叫"大条凳"，不仅能坐人，也可承物；最为长大笨重，放在大门道两旁使用的称为"门凳"。

　　此凳四足侧脚明显，腿的正面、侧面都呈"八字形"，坐时很稳。凳面面板较厚，四腿以夹头榫结构连接凳面，冰盘沿线脚，凳面下设草龙纹牙头，腿足间的牙条也雕饰草龙纹，与牙头合掌相交。既打破了腿足的单一装饰性，又增加了结构稳定度。前后腿足间设有两根横枨，增加了横向应力。

规格 /

1165 mm×325 mm×530 mm

材质 /

榆木

地域 /

山东

**夹头榫藤面春凳**

　　此凳从整体形制来看属春凳，春凳是古时民间用来作为出嫁女儿时放置被褥，作为嫁妆，抬入新婚的卧房的家具。春凳一般长五六尺，宽逾二尺，可坐三五人，亦可睡卧，代以小榻，或陈置器物，功能同桌案。条凳是窄而长的凳子，在北方使用较多，春凳则在南方使用较多。在制作工艺上春凳分有束腰式与无束腰式两类，凳面常采用攒边做法，镶以色木，或者藤面。

　　此凳为无束腰式春凳，腿足为方材，与凳面用夹头榫的结构连接，腿足之间安一根横枨。凳面是落堂式，镶以藤面软屉，边抹造出冰盘沿线脚，牙条沿边起灯草线。牙头透雕卷云纹，为了防止镂空后容易断裂，留出一小段不雕，削成圆珠，增强联结。此珠虽小，却能起很大的加固作用，同时也有它的装饰意义。此凳造型简明，制作精致，是明清常见的样式。[1]

①王世襄编著：《明式家具研究》，生活·读书·新知三联书店，2013，第43页。

规格 /
2110 mm×800 mm×500 mm
材质 /
柳木、藤
地域 /
山东

## 有束腰马蹄足春凳

　　此凳为有束腰式春凳，束腰能增加凳面和腿足的牢固性，也有显著的装饰作用。此凳凳面平整光素，前后腿间有一根横枨，出透榫与腿足相连，四腿足端为内翻马蹄足。束腰与腿足连接处设托角牙，角牙的装饰纹样是回纹与花草纹的结合；腿足与牙条的连接处亦设托角牙，浮雕如意云纹，两处的角牙相呼应。此凳造型轻盈，线条简约流畅，细部刻画生动，隽永大方。

规格 /

1530 mm×340 mm×540 mm

材质 /

椴木

地域 /

浙江

# 柳木圈椅

　　此圈椅沿用了明式圈椅的基本造型。圈椅也称"圆椅"或"罗圈椅"，在我国有着悠久的历史，凝聚着我们的民族特色。圈椅的搭脑和扶手合成一圆形靠背，靠背板呈类"C"型曲线，既舒适又优美。上部由椅圈、靠背和扶手立柱三部分组成。椅圈一般为三段圆材或五段圆材通过楔钉榫连接而成，而柳木圈椅的椅圈是利用柳木韧性强、湿时软、干时硬、易于弯曲的特性，使用热弯技术用一根整料做成，呈微扁状，没有拼接。椅圈的形状即宋人所谓的"栲栳样"。明代《通雅》中对于"栲栳"的解释是"屈竹为器"。[①] 柳木圈椅即采用这种弯曲工艺，将柳木用一根木料弯折出椅圈和腿足构件，外形如传统的圈椅，方圆结合，在艺术上达到刚柔相济。坐在圈椅上面，身体各部分都有依靠，能最大程度地放松身体，使人感到舒适。

　　柳木圈椅选料严格，制作精细，根据热胀冷缩的原理，经过选料、分料、蒸烤、定型、掏卯、雕花、染色等十几道工序制成，而制作过程中难度最大的是椅背和四根椅腿，尤其是椅圈制作中的握圈工序最为费时费力，一般至少需要经过两次加热弯曲。先进行圆形弯曲干燥定型，后再弯曲扶手位置，整个加工工序持续时间久，难度大。腿足处弯曲时，采用锯口弯曲的方式，可有效防止制成后弯曲变形，降低弯曲难度。

　　此椅形制古朴庄重，椅圈从后向前依次与靠背板、扶手立柱相接，靠背板上浮雕圆形花纹，前后通连的椅腿用整根原木弯曲定型而成，之间装两根横枨，扶手立柱穿过椅腿面与横枨相连。座面下设有的壶门券口牙子，沿边起灯草线。

① （明）方以智：《通雅》，中国书店，1990。

规格 /
720 mm×710 mm×820 mm
材质 /
柳木
地域 /
山东

规格 /
573 mm×450 mm×1093 mm
材质 /
榆木
地域 /
山东

## 灯挂椅

　　此椅只有靠背，没有扶手，靠背板由木板组成，上端的搭脑两端出挑，向上翘起，形成优美的弓形，犹如挂油灯的提梁，所以又叫"灯挂椅"。该椅整体多光素无雕饰，由下向上略呈收势，外形轮廓显得格外挺秀，给人以稳健、挺拔的视觉效果。

　　此椅为直搭脑，中部平直两端下垂，用一块木头刻出三段相接的样子，制作给人舒适之感。靠背板独木无雕饰，从侧面来看，最下一端接近垂直，中段渐向外弯出，到上端又向内回转，弧度柔和自然，适合人们背部的曲线，符合人体工程学。靠背立柱与后腿一木连做，椅盘以上是圆柱体，以下则是外圆内方的腿足。设六根管脚枨，管脚枨贴近地面安装，能把家具腿足管牢，其中正面的一根枨子最低，便于踏足，后面的一根次之，两侧的四根最高，为了保证整体椅子的坚实度，变换足端横枨、顺枨的高度，使榫眼分散。椅盘以下，正面用壶门券口牙子，牙子沿边起灯草线。整体形制简单，朴素无华，此椅在同类椅具中可谓造型至为简练的一种。

规格 /
500 mm×400 mm×1010 mm
材质 /
槐木
地域 /
山东

**梳背灯挂椅**

　　凡没有扶手的椅子都称靠背椅，根据搭脑与靠背的不同，靠背椅演化出许多样式。上端的搭脑两端挑出，好似灯竿的称为"灯挂椅"；靠背的主体由多根细圆柱均匀排列而成，形似梳子的，称为"梳背椅"。而此椅搭脑两端出挑，向上翘起，靠背以四根细圆柱均匀排列，呈"S"形曲线向后弯曲，为梳背灯挂椅。

　　椅盘做出冰盘沿，线脚稍稍内敛。座板采用了"攒边打框装板"的做法。椅盘正面镶券口牙子，券口牙子锼出单尖壶门式轮廓，侧面及背面用素牙子，可以看出其虚实的变化。踏脚枨下托以牙条，腿足间设六根管脚枨，与上例灯挂椅结构相同，整体形制简单，灵巧轻便。

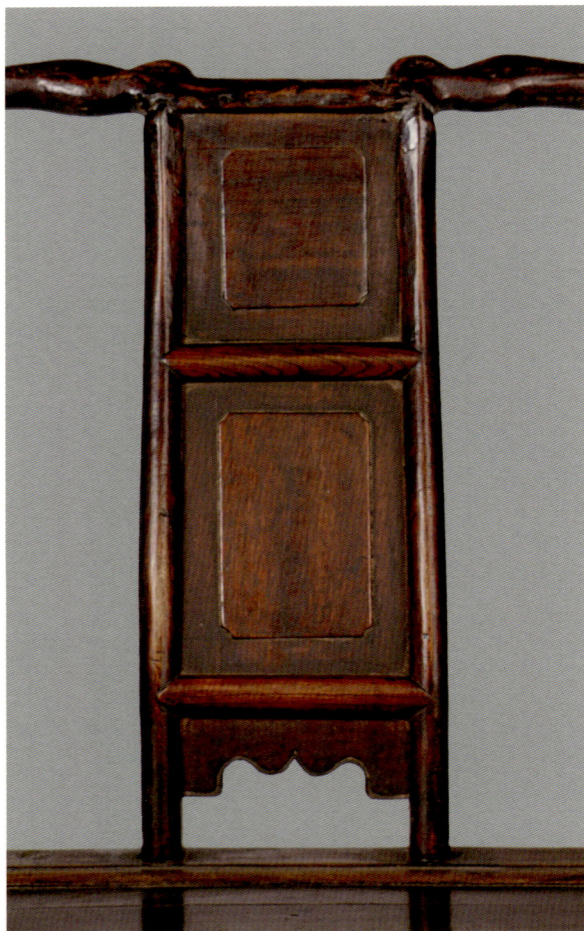

## 四出头官帽椅

　　此椅属官帽椅的一种。官帽椅，顾名思义，是一种像古代官吏所戴帽子的一种椅子。官帽椅分为南官帽椅和北官帽椅。北官帽椅因搭脑、扶手皆出头，又名为"四出头官帽椅"，简称"四出头"。南官帽椅与北官帽椅相比，不同之处在于搭脑与扶手都不出头，而做成软圆角，故又称为"四不出头官帽椅"。[①] 官帽椅造型庄重、富有张力而不露锋芒，常以成双对称方式布置于厅堂之中。

　　此椅搭脑与扶手与其他官帽椅有所不同，搭脑两端和扶手前端做出尖状，在尖状连接处均加角牙加固修饰。靠背板三段攒成，上、中落堂浅浮雕，下截亮脚。三弯形的扶手后端出榫与椅子后腿上截相交接，中间支一个上细下粗的圆材联帮棍，联帮棍安在扶手正中的下面，下端与椅盘的抹头相交接，联帮棍的下端是出方榫，做法是抹头中间打一个圆眼，大概有三毫米至五毫米深，圆眼里面再凿方眼，这样能保证联帮棍插进去之后不会转，联帮棍上细下粗，该造法又叫"耗子尾"。

①张加勉编著：《国粹图典·家具》，中国画报出版社，2016，第30页。

规格 /
580 mm×450 mm×995 mm
材质 /
槐木
地域 /
山西

椅子座面下边装三面壶门轮廓饰以券口牙子，线条圆婉劲挺，可谓柔中
带刚。按照传统的做法，横牙条栽销跟大边相交接，两侧的竖牙条是嵌入腿
子的，底端出榫插入脚踏枨，左右两边的券口牙子跟正面相似，后面是短牙
子，前腿中间下面装一个脚踏枨，左右两边及后边横枨为步步高赶枨，全部
出透榫。

规格 /
560 mm×452 mm×1005 mm
材质 /
榆木
地域 /
江西

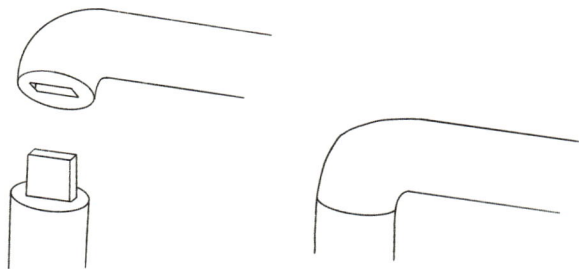

## 南官帽椅

　　此椅搭脑、扶手都不出头，椅子全身光素，是南官帽椅的标准样式。此椅各个地方的弧度和曲线都很优美，搭脑明确有力，素面的三弯形靠背板，下面比上面略宽，上面装入搭脑下方，下面装进椅面后大边的槽口，后背板的下端减榫，后腿的上截以"挖烟袋锅"的做法连接搭脑两头，向下穿过椅面，形成一木连做。挖烟袋锅榫是形状像烟袋锅一样的榫卯，用在横竖材角结合的地方，横着一根尽头造成转项之状向下弯扣，中间凿方榫眼，竖的一根向上出榫，经常用在不出头的椅子搭脑、扶手与前后腿相交接的地方。

　　三弯形的扶手后端与后腿上截相交接，扶手前端与前腿采用了圆材闷榫角接合，中间设联帮棍，扶手结构与上例四出头官帽椅基本相同。椅盘下正面安券口牙子，曲线圆劲有力，侧面及背面用素牙子体现出虚实的变化。六根管脚枨，前面一根最低，后面的一根次之，左右四根最高。整体造型简洁明快，美观大方。

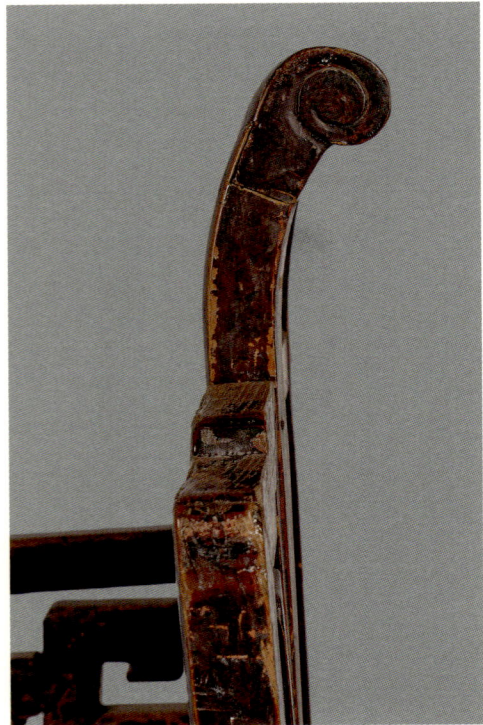

## 太师椅

　　太师椅是唯一用官阶来命名的椅子，最早使用于宋代。在宋元明清的史书、名人笔记以及现今流行的有影响的辞书中均有记载和描述。有关太师椅名称的最早记载见于宋代张瑞义的《贵耳集》，文中提到当时任太师的奸臣秦桧坐着的时候，无意中头巾坠落，他的下属看在眼里，便命人制作了一种荷叶托首，由工匠安在秦桧的椅圈上，太师椅也由此传开。[①] 太师椅椅圈后背与扶手一顺而下，就座时，肘部、臂膀一并得到支撑，非常舒适。

　　此椅靠背板三段攒成，搭脑制成书卷式，突出文人之气。搭脑上段透雕蝙蝠纹；中段浮雕长寿纹样；下段亮脚装饰。靠背板两侧及扶手以横竖方材接合构成回形纹，座面板下有束腰，束腰下前端牙条沿边起灯草线并呈卷曲状，下面装有角牙，角牙亦有灯草线。四腿为方材，之间有齐头碰管脚枨。整体结构协调相称，用料厚重。

①王义编著：《古典家具收藏鉴赏》，云南美术出版社，2013，第30页。

规格 /
570 mm×450 mm×930 mm
材质 /
槐木
地域 /
江西

## 靠背扶手椅

　　此椅采用楸木制，木质细腻，软硬适中，适合雕刻。靠背板从椅面向后微微兜转，三段攒成，搭脑为直搭脑，中部平直两端下垂，制作方正。上段刻"囍"字纹，是民间广泛使用的一种装饰纹样，"囍"字纹简练生动，十分美观，具有祝福婚姻美满，白头偕老的美好寓意。中段雕兰花纹样。下段镶落堂卷草纹亮脚。

　　靠背立柱与后腿一木连做，上端同靠背板向后微微兜转。扶手下设雕刻成卷曲纹的卡子花，既起到支撑扶手的作用，也不失装饰效果。椅盘正面的券口挡板沿边起灯草线，并有如意卷珠纹做装饰，与扶手下的卷曲纹相呼应，两侧用素牙板，方腿直足上装四根管脚称，足端雕刻成回纹装饰。

规格 /
570 mm×445 mm×1005 mm
材质 /
楸木
地域 /
山东

规格／
600 mm×460 mm×1000 mm
材质／
榆木
地域／
山东

**圆奎椅**

　　圆奎椅，是山东（尤其是淄博一带）对南官帽椅的俗称，造型方中带圆，在一般南官帽椅的基础上增加了圆角，靠背扶手无出头，无过多修饰，只在靠背上带有局部刻画装饰，多为吉祥纹样。此椅雕刻"寿"字纹，大漆涂刷，是山东地区的地方特色家具。圆奎椅与八仙桌搭配，是婚嫁圆房的必备家具。

　　此椅搭脑的弧度向后弯出，与大边的方向相反，全身素混面。扶手用料为圆形与鹅脖连接，向后弯插入椅盘面，呈曲线增加动感，扶手中段安联帮棍。椅盘下安注堂肚券口牙子，沿边起灯草线，通过回婉的曲线，使上下和谐一致。两侧的竖牙条嵌入腿子，前腿之间装脚踏枨，左右两边及后边横枨呈步步高式管脚枨。整体做工简洁明快，造型委婉流畅。

规格 /
480 mm×380 mm×830 mm
材质 /
松木
地域 /
浙江

## 小姐椅

　　小姐椅是民间家具中最有女性特征的坐具，也被称为"小脚椅"或"洗脚椅"。因为小姐要坐在椅子上洗脚，小姐椅一般比普通椅子低一些，椅背雕刻丰富，装饰绚丽华美。此椅为传统女性婚嫁场面营造喜庆吉祥的气氛。

　　此椅靠背板做法是三段式的，背板的上面和下面透雕花纹及卷草纹，中部是嵌有浅浮雕的人物花板，采用了透雕与浮雕结合的装饰手法，虚实结合。搭脑浮雕花纹，两端略宽出靠背板，呈书卷式。椅圈曲线弧度柔和、流畅。座面为圆形，下设五块牙条，牙条上有浅浮雕纹样，圆形座面下设五足，三弯腿，足底向外翻转，牙条下端和腿足上端各有五根方形管脚枨相互交叉，与凳腿相连。整体造型别致，线条优美，灵巧雅致。

规格 /
490 mm×380 mm×970 mm
材质 /
椴木
地域 /
浙江

## 描金靠背钩子椅

此椅靠背板居中，由一根搭脑和两侧两根连脚立材相接，椅背搭脑和两根连脚立材呈钩状，靠背板三段攒成。此椅的背板浅浮雕花卉纹和人物花板，靠背板的装饰为描金的做法，背板的表面以朱漆为地，凸起的雕刻花纹描金漆。"描金"又称"泥金画漆"，起源于战国时期，是在漆器的表面，用金色描绘花纹的装饰方法，常以黑漆或朱漆作地。

此椅座面同样是攒框装心板，无束腰，前腿腿足间设有罗锅枨，座面下有两根矮柱与罗锅枨相连，中央装饰了一块透雕与浮雕结合的花卉纹样，罗锅枨与腿子连接处设有卷曲状小柱，与靠背上的装饰相呼应。牙条和前腿内侧沿边起灯草线，腿足间安装四根管脚枨。此椅与上例椅子仅在细节装饰处有所不同，整体却显得比上例椅子更华美富丽，由此小中见大，这两例椅子都属于红妆家具类。

规格 /
475 mm×393 mm×1105 mm

材质 /
榆木

地域 /
山东

## 梯子椅

　　梯子椅是兼具梯子功能的椅子，正放是椅子，反过来是梯子，能在椅子和梯子之间自由变换形态，在保持原始形态的同时又赋予它新的功能，实现需求与功能的统一。结构上的可调节，使其可轻松实现功能转换与功能聚集。

　　梯子椅的基本形制与普通靠背椅相似，只是将椅面分为两个块面，通过合页连接实现折叠功能。后腿足与椅面另加了两根方形条木成斜角连接。椅腿之间设有两块木板，在椅子变换成梯子时充当脚踏板的作用。椅子变换成梯子的方式，是以椅面的合页作为旋转支点，将椅背向前旋转180度，从而充当着底腿。变换之后的楼梯椅形成四级的楼梯样式。[①]

　　该椅搭脑立面打洼线，由中间向两端弯曲成尖状，中间透雕蝙蝠纹。靠背板由两根立材作框，分隔成三段九格，上段中格透雕花寿纹，两端透雕花卉纹，中段三格均浮雕花卉纹，透雕与浮雕的结合体现出虚实的变化，具有工艺观赏性。下段三格中间设花式牙条，沿边起灯草线，另两格因空间较小而留空。两根前腿外圆内方，之间镶壶门券口，沿边起灯草线并且中间有浮雕点缀，两腿间装脚踏枨，下设牙板。此椅通过变换形成椅子和楼梯两种样式，使得家具能够达到多功能的效果，反映了家具设计的灵活变通性。

①熊伟主编：《中国设计全集·第4卷》，商务印书馆，2012，第66页。

规格 /
615 mm×570 mm×865 mm
材质 /
柳木
地域 /
山东

## 钱柜椅

　　此椅的造型较为简单，上部设有弧形靠背和扶手，其形态与普通圈椅相类似。圈椅后背与扶手一顺而下，椅圈从后向前依次与靠背板、联帮棍和鹅脖相接，靠背板上浮雕刻梅花鹿纹样。底座部分则为一个箱体，椅面上设置了一块可以随意开合的板子，板子中央挖空了两个小洞，主要为方便放置铜钱考虑。钱柜椅的设计体现了民间设计者的巧思。活动型座面设计既满足了实用型功能需求，又保证了整个椅子的完整性和美观程度。

规格 /
450 mm×370 mm×950 mm
材质 /
竹、木
地域 /
四川

## 镂空靠背竹椅

　　竹椅的制作工艺流程包括取材、整料、划码、打眼、火烤、组装、整型、定型等工序。竹椅的原材料是大小毛竹，根据椅子器具截取不同长度的毛竹段；然后用竹刨把竹枝上凸出的竹节刨平，并在竹椅各转折处和椅背安装处划码或打眼；之后再进行火烤，火烤弯曲有一定难度，要根据竹性不同硬度、干湿度，把握好火烤时间。最后进行竹椅的组装成形，在各转折处钻小孔，用竹钉固定，使整把椅子牢固。[①]

　　此椅除了座面和靠背中的嵌板为实木板，其他结构均由竹子支撑起来。此椅挑选较为成熟的原竹为材，主要架构为不同粗细的竹管，应用竹家具制作的烘弯、钻孔、榫接、打竹钉等制作方法组合而成。

　　此椅靠背板与靠背结构的连接使用了方胜纹样，方胜纹样是由两个菱形压脚相叠组合成的图案，有优胜吉利、同心同德的寓意。两条前腿之间也是用方胜纹样进行连接修饰，与靠背相呼应。靠背板上刻有蝴蝶与植物组合的纹样，家具装饰中蝴蝶纹常与植物、动物相组合，形成一幅完整的吉祥图案，其中与花草相结合形成蝶恋花的装饰图案，寓意着爱情和婚姻的美满幸福。

①汪志铭主编：《甬上风物·宁波市非物质文化遗产田野调查·奉化市》，宁波出版社，2009，第118页。

# 柜橱类

规格 /
1130 mm×580 mm×1950 mm
材质 /
椴木
地域 /
江浙地区

## 透棂架格

　　架格就是以立木为四足，取横板将空间分隔成几层，用以陈置、存放物品的家具。此架格由上下两部分组成，上部分两层，两侧后背装板。正面第一层为透棂门四扇，将透棂门分成三段，自上而下，第一段贴圆角扁方形圈口，圈口中央透雕卷草纹，第二段攒接为斜的万字纹图案透棂，透棂内可糊纱或任其空透，第三段从右往左依次装有梅、兰、竹、菊雕板。透棂门下设有抽屉三具，抽屉面板上有蝙蝠纹金属环拉手。下部分两层，上下各四扇透棂门，其中上面一层面积较小，采用横竖材攒接成品字面板，下面一层面积较大，每扇门心以长短不等的直材攒接成类似"灯笼锦"图案，柜门可以左右推拉，而非上面传统的双开门。

规格 /
860 mm×500 mm×1810 mm
材质 /
椴木
地域 /
江西

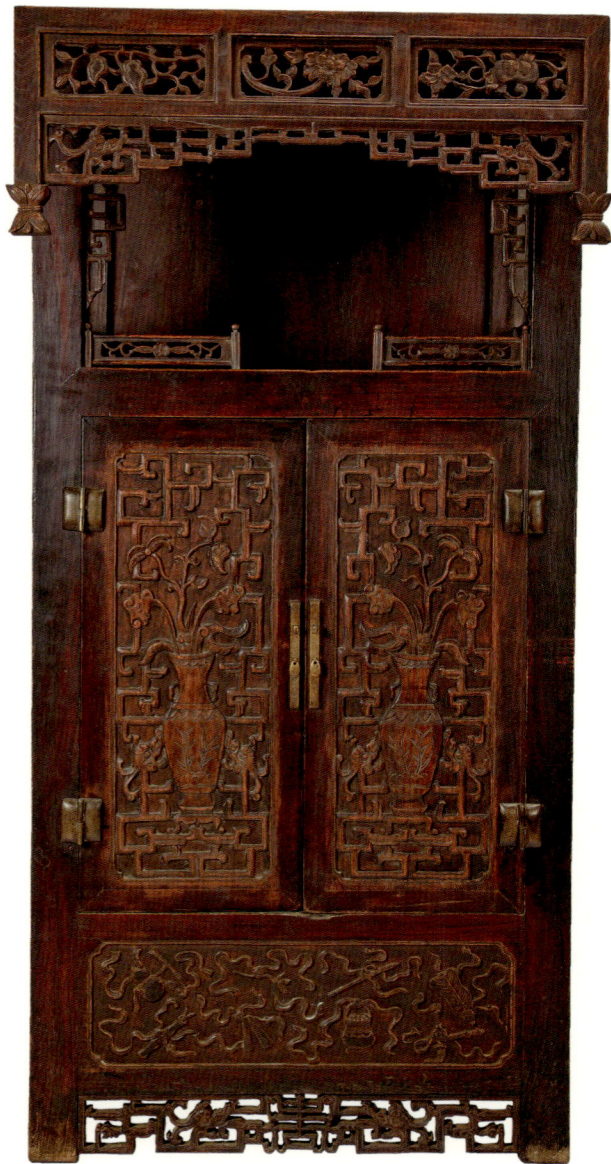

## 上格券口带栏杆挂檐亮格柜

①王世襄编著：《明式家具研究》，生活·读书·新知三联书店，2013，第175页。

　　此柜属亮格柜的一种。柜是用来存放物品的大型家具，而亮格柜是由架格和柜子组合在一起的。常见的亮格柜形式是架格在上，柜子在下。亮格是架格之上开敞无门的部分，置放器物，便于观赏。柜内贮存物品，重心在下，有利稳定。亮格柜有不同的式样，上部的亮格以一层的为多，两层的较少；亮格或全敞，或有后背；或三面安券口，或正面安券口加小栏杆，两侧安圈口；或无抽屉，或有抽屉；抽屉或露明安在亮格之下、柜门之上，或安在柜门之内。①

　　此柜在亮格上设券口栏杆，迎面栏杆中间开敞，只于两端安栏杆两段，仿佛是一座小戏台，新颖动人。正面券口牙子雕螭纹，侧面则是素券口，落在有望柱的栏杆上，两端柱头挂有圆雕莲瓣纹。亮格以下为装铜合页的门板，门板上雕有花瓶灵芝纹，拐子龙纹作打底，两门板所雕图案大致相同。门板下设独板闷仓，闷仓板设委角方形圈口，圈口内浮雕暗八仙。暗八仙是民间传说中八位仙人的宝物，它们是汉钟离的宝扇、吕洞宾的宝剑、张果老的幽鼓、曹国舅的拍板、铁拐李的葫芦、韩湘子的笛子、何仙姑的荷花和蓝采和的花篮，象征八仙庆寿之意义。柜下无矮几支承，腿足之间安牙子，牙子透雕螭纹与寿纹，与亮格的雕饰相呼应。

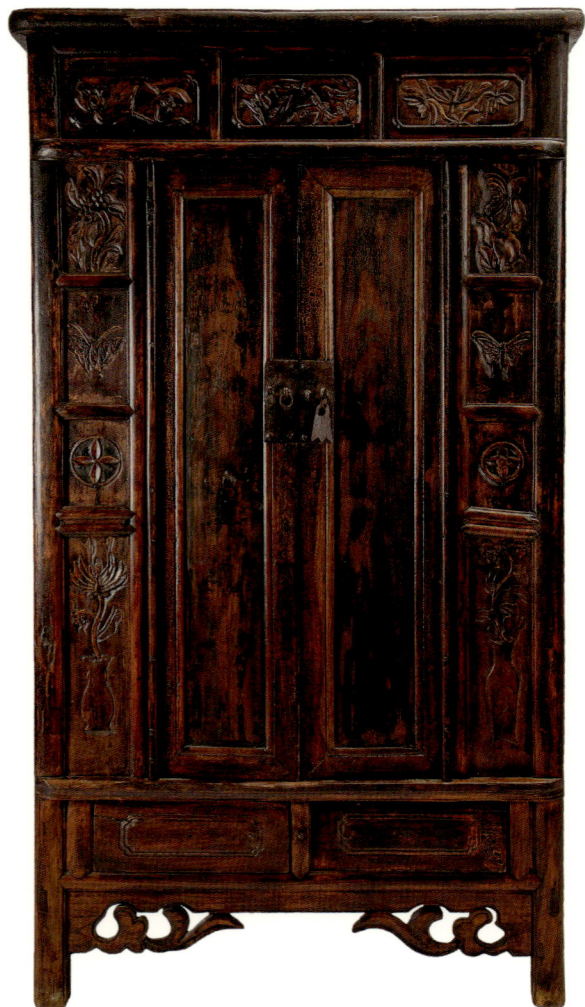

## 有柜膛抽屉圆角柜

　　此柜整体体型较大,有柜帽,柜顶转角为圆,属圆角柜。圆角柜又叫"面条柜",圆角柜的尺寸以小型的、中型的为多,大型的较少。圆角柜由于造法的不同,有多种式样。在用材上,圆材或外圆里方的居多,方材较少,即使用方材,也多倒棱去角。同为圆材,柜足棱瓣线脚又有多种变化。柜门上,有的有"闩杆",有的无"闩杆"。门扇本身又有通长装板的,或三抹、四抹分段装板的。装板可用里刷槽、外刷槽、里外刷槽等不同造法。分段装板的,有的平板光素,有的用板条造圈门。柜身又有"有柜膛"和"无柜膛"之分。[①]

　　"闩杆"就是两门之间的立柱,穿钉可以把柜门和立柱闩在一起,便于锁牢。而无闩杆的门,匠师称为"硬挤门"。此柜无闩杆,作硬挤门式,有柜膛。柜膛又叫"柜肚子",有了它可以多放一些东西。柜膛正面安一根立柱,将柜膛分成两个抽屉,增强了储物功能,抽屉面贴委角长方形圈口,中间似设有拉手,或因时间久远脱落。它的独特之处,是在柜门上加近似横楣的装置,这样可以缩短门的高度,也不妨碍一般物品的取出或放入。在造型上,横楣子与柜膛对称,上下呼应。在装饰上,三段横楣均贴委角扁方形圈口,从左向右,圈口内依次装饰兰花、喜上眉梢、菊花。该柜的柜门是它的另一特点,柜门较窄无装饰,通过长方形面叶打破沉寂。因旁装板边抹打框,无抹将边框分成了四段。自上而下,分别装饰不同的民间吉祥纹样。柜膛下安牙条,牙条两侧挖出向上的卷草纹。

①王世襄编著:《明式家具研究》,生活·读书·新知三联书店,2013,第180页。

规格 /
950 mm×680 mm×1850 mm
材质 /
楸木、桐木
地域 /
山西

## 硬挤门有柜膛圆角柜

　　此柜柜门为硬挤门，柜高 140 厘米，属于中等大小，面阔比同等高度的圆角柜较宽，两柜门旁分别装板边抹打框，由上到下依次分为三段，并装饰有不同的植物纹样。柜门正面留有两孔，原装铜面页，可上锁。此柜设有浅柜膛，方便存放更多东西。柜膛正面安立柱两根，将立墙分隔为三段，其中中间为喜上眉梢，两侧装饰有相同的植物浅浮雕纹样。该柜整体造型挺拔，比例均匀，一般用来存放衣物。

规格 /

1020 mm×640 mm×1400 mm

材质 /

桐木、槐木

地域 /

山西

## 方角衣柜

　　此柜立柱和柜顶用方角的棕角榫连接，柜为四面平式，四角为直角，柜体上下垂直，方正平直，又叫"一封书"式方角柜，言其方方正正，有如一部装入函套的线装书。该柜有闩杆，闩杆和柜门装条形铜质面叶，面叶上有水滴形吊牌，装饰效果明显。有柜膛，柜膛下设有窄牙条，窜接在柜膛之下。在柜两侧也设有窄牙条。正面柜门刻有文字装饰纹样，从右向左依次为"极力铺张写烟霞""山水处处皆诗""苦心搜寻集月露""风云篇篇是锦"。柜子整体髹红黑色大漆，文字装饰采用蓝色进行填充。该柜子除柜门文字装饰外再无其他装饰，全身平整，素牙条略微缩紧，方便大漆制作。

规格 /
720 mm×430 mm×1250 mm
材质 /
柳木
地域 /
山东

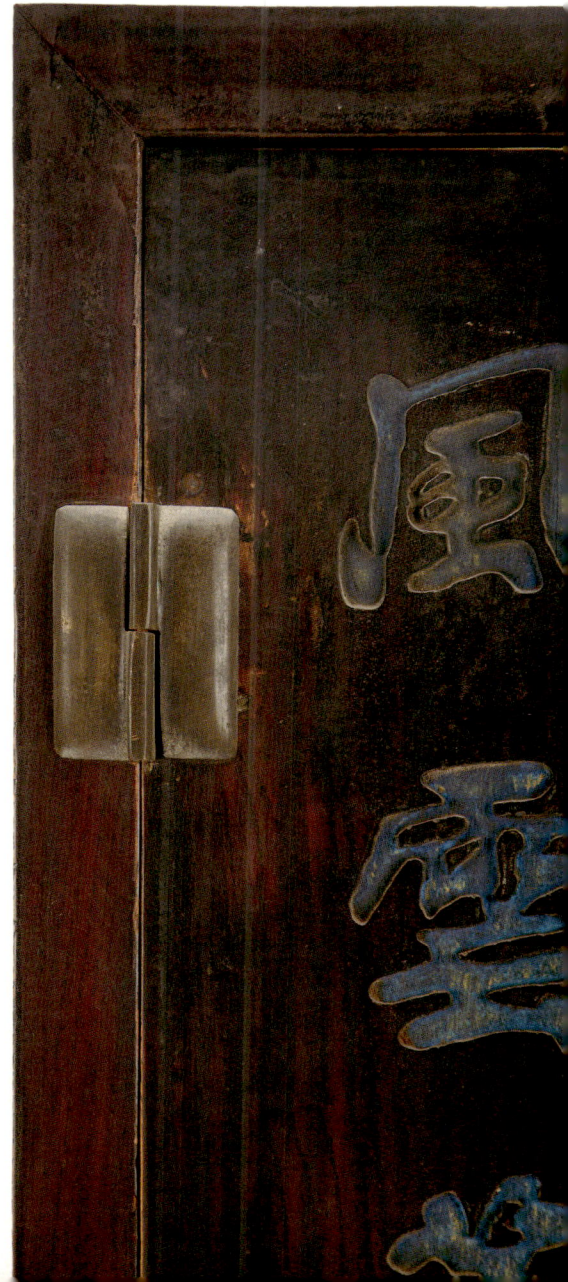

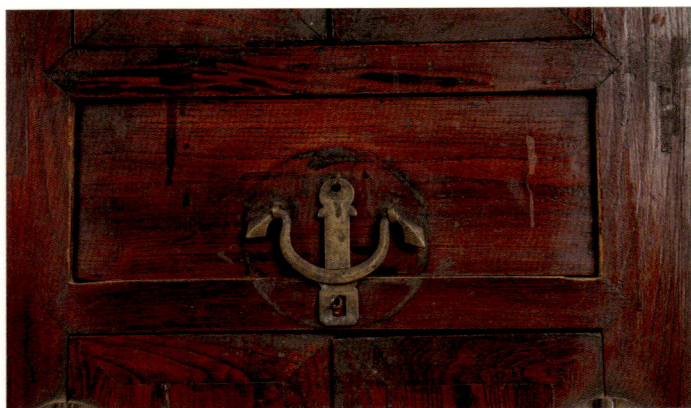

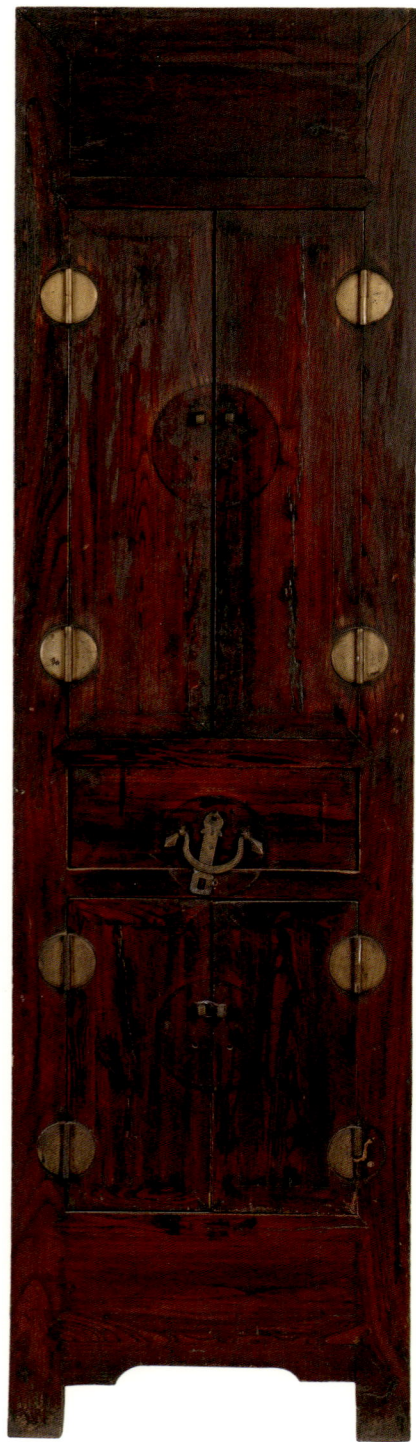

## 方角顶箱柜

　　此柜无柜帽，直腿方足，四腿直下，柜子上角采用粽角榫，因而外形是方的，四角为直角，属方角顶箱柜。此柜上置顶箱，下设立柜，分上下两节，中间加隔抽屉，抽屉脸上设铜提环，可存放小件物品。平装对开柜门，两门之间无闩杆，柜门设圆形面叶，因时间久远已脱落。上下柜门边上共安装了八个圆形铜制合页。柜门下则为封闭的柜膛，柜膛下设素牙条，攒接在柜膛之下，起支撑柜子的作用。

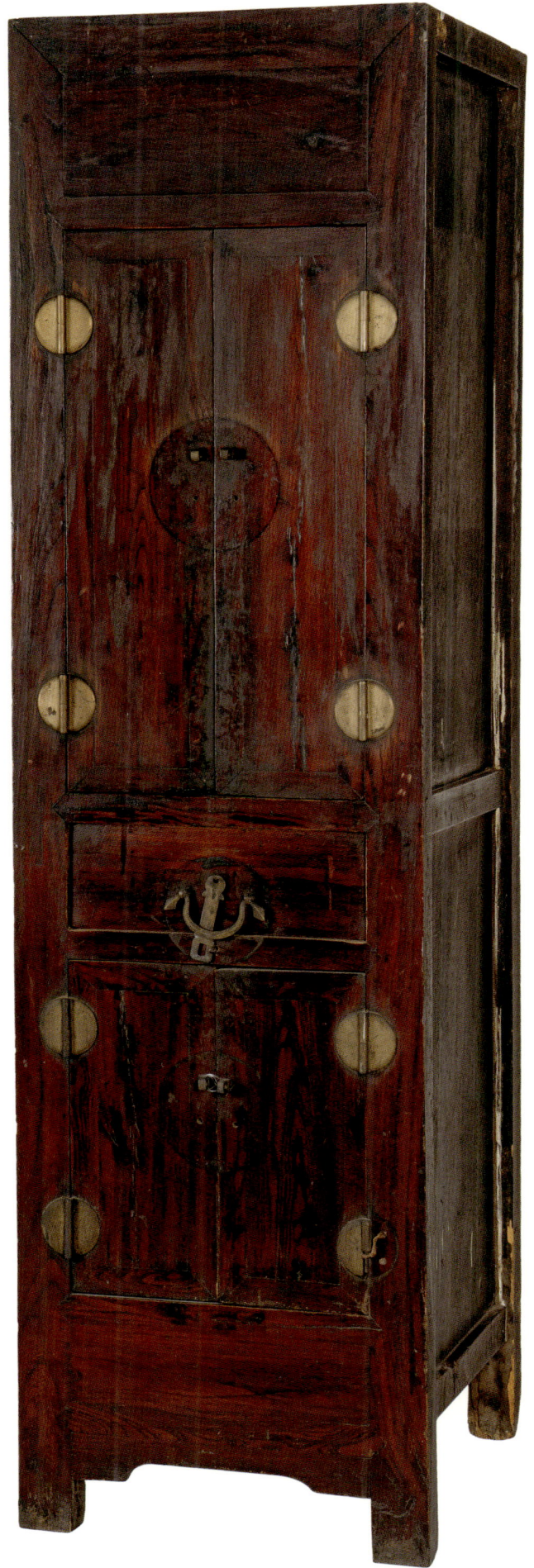

规格 /

540 mm×520 mm×1880 mm

材质 /

柳木

地域 /

山东

## 山水植物纹衣柜

　　此柜柜帽喷出，边缘起冰盘沿线脚，对开两门，门上设有铜制圆形面叶，以圆形打破长方形柜体的造型，面叶上的拉手呈花形。两扇门中间无闩杆，采用硬挤门的方式关合。柜门两侧设垂直面的旁板，柜门和两侧旁板之间采用摇竿连接，摇竿上端的卯眼上雕饰花寿纹。摇竿是开启和关闭门扇的活络装置，构造方式是在门扇左、右边做圆出榫，装入上下横档的卯眼中，榫可在卯眼中随着开启和关闭门扇转动。

　　柜门和旁板上端均镶方板，板的四边起阳线，阳线都与边框保持相等的距离。板上浮雕亭台楼阁构成的山水纹，以山水纹为主纹，边上饰回形花草纹作打底。柜膛上下两根横枨采用格肩榫连接立柱，中间加隔两根小立柱安装三块面板，板上均雕饰植物纹样，构图均匀，富于变化。

规格 /
1600 mm×600 mm×1790 mm
材质 /
椴木
地域 /
浙江

## 描金人物纹衣柜

　　此柜有柜帽，整体结构和上例相似，两扇对开柜门，门上设花形铜制面叶，无闩杆。柜门两侧设旁板，柜门和旁板之间设摇竿连接，摇竿的卯眼上雕饰蝙蝠衔寿纹，将蝠纹与寿纹组合在一起，有"福寿双全""多福多寿"的寓意。

　　柜门和旁板上雕饰描金人物纹，其人物形态不一，形象生动，构图严谨，纹样造像复杂。柜膛上的三块面板，左右两块雕刻植物纹，中间雕刻博古纹，柜膛下方则设有角牙，角牙上透雕回形花草纹，以作装饰之用。此柜整体造型设计立正劲挺，浮雕工艺精湛，极具装饰效果。

规格 /

1430 mm×620 mm×1820 mm

材质 /

椴木

地域 /

浙江

## 描金彩绘衣柜

　　此柜上设柜帽，下设柜门四扇，柜门分左右两边，两扇对开，两扇旁板，中间每边两扇之间用摇竿连接，摇竿卯眼上端雕饰描金石榴纹。石榴被民间视为象征多子的祥瑞之果，因此石榴纹成为中国传统纹饰之一。

　　柜门和旁板均被分装镶嵌四块长方板，四周起边线，红色漆地，中间雕饰纹样，从上至下依次装饰描金人物纹、彩绘花鸟纹、描金花鸟纹、彩绘鱼纹。最上端浮雕人物纹，以回纹作边框，动态的人与静态的回形直线形成对比，使人物的形态表现得很生动。下面彩绘花鸟纹，花卉与鸟类组合的图案灵秀多变，精巧细致，有吉祥、美好的寓意；而以浓墨重彩的纯色绘制，色彩缤纷艳丽，整个画面意境变得更气韵生动，给人一种生命肆意的独特感受。中间描金花鸟纹，每个图案上浮雕两只鸟栖于枝头，鸟的动作与花卉题材不一，富于变化，形态活泼有生气。下端彩绘鱼纹，工笔技法细腻，绘画流畅真实，丰富的色彩与木材的天然相配合，产生独特的艺术效果。

　　柜子下端装有柜膛，柜膛中间加三个立柱，分四段安装，均雕饰描金暗八仙，通过飘带将物品串联起来，柜膛下设角牙，角牙透雕回形花草纹。柜体前后腿足间设有一根横枨，使整体结构更牢固稳定。此柜自上而下，分别装饰不同的民间吉祥纹样，纹饰丰富，寓意美好，既讲究图案对称，又注重文化内涵。

规格 /

1560 mm×615 mm×1820 mm

材质 /

椴木

地域 /

浙江

规格 /
1050 mm×320 mm×960 mm
材质 /
杉木
地域 /
山西

## 两门碗柜

　　碗柜，顾名思义为放置碗盘之用的储物类家具。这类家具形制较为简洁，其实用性受到了民间的喜爱和肯定。

　　此柜上部开敞无门，便于置放佛像，格子上设有雕花券口牙子，牙子左右两边透雕花瓶纹，上边透雕的缠枝牡丹纹是从花瓶纹中延伸出的，构成了完整的券口纹样。左右两侧是壶门圈口，沿边起灯草线。下面的柜体较窄，装有两扇柜门，柜子的门采用框内镶板的做法，柜门上设有圆形面叶，面叶上有吊牌和钮头，钮头是穿过面叶将其与家具固定在一起的金属饰件，外端有圆孔，可供穿锁用。柜子下设券口牙子，券口浮雕草龙纹。整体造型与亮格柜相似，雕花装饰弧形柔婉，颇为雅致。

规格 /
470 mm×160 mm×650 mm
材质 /
椴木
地域 /
山西

## 三弯腿有束腰佛龛

　　佛龛是供奉佛像、神位等的器具。扬雄的《方言》称："龛，受也。"所以龛有容纳、盛受之意。佛教传入中国后，龛又指掘凿岩崖为室，以安置佛像，即供龛。

　　此龛整体扁方，分为上下两部分。上部为柜体，柜门中间透雕圆形龙纹，旁边装有雨滴形拉手。柜门可拆卸，拆下柜门可发现，柜内无隔断，便于供奉牌位，柜子上方设壶门式券口，券口浮雕龙纹。下部为有束腰三弯腿底座，是此龛的亮点之一。此龛形似炕桌，三弯腿，先向外弯，次转内，至足底再向外翻，造型古朴。此龛的牙腿均雕卷草纹，雕饰简单。

## 描金方角小柜

　　此柜从尺寸上看体型较小，同时又有架格，属于小型亮格柜。此柜上设架格，摆放常用物件方便拿取；下有柜子储物，可以放铺盖等。柜子部分分三层，第一层为两个扁抽屉，抽屉面贴圆角方形圈口，圈口内浮雕宝相花，髹漆描金；第二层分了大小相同的四面，各贴委角方形圈口，中间有两扇柜门，门板浮雕相同花瓶并设有叶子形薄片拉手，柜门旁是两扇不可活动的门板，浮雕与左右不同的植物花纹；第三层为整一具抽屉，抽屉面有花纹装饰，与上层抽屉所雕花纹一致。此柜不论是隔板还是抽屉的分隔均采用格肩榫。

　　此柜侧面为一块独板，除格架部位有栅格之外，其余地方无过多装饰。仔细观察，不难发现侧板与顶板采用燕尾榫来连接，燕尾榫榫头前宽后窄呈梯形，像燕子的尾巴。

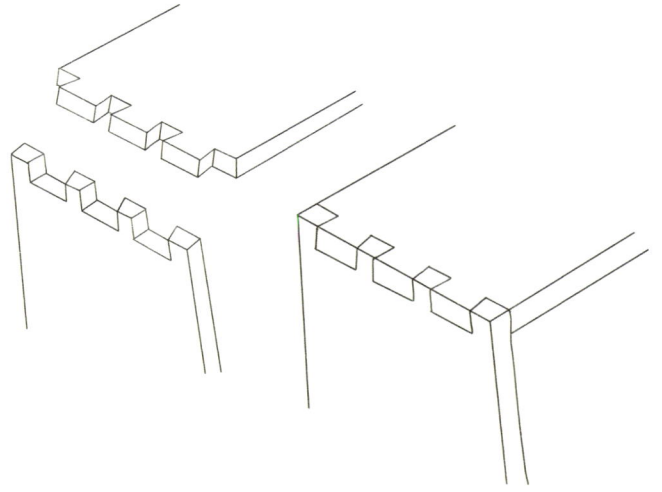

规格 /
290 mm×250 mm×440 mm
材质 /
榉木
地域 /
山西

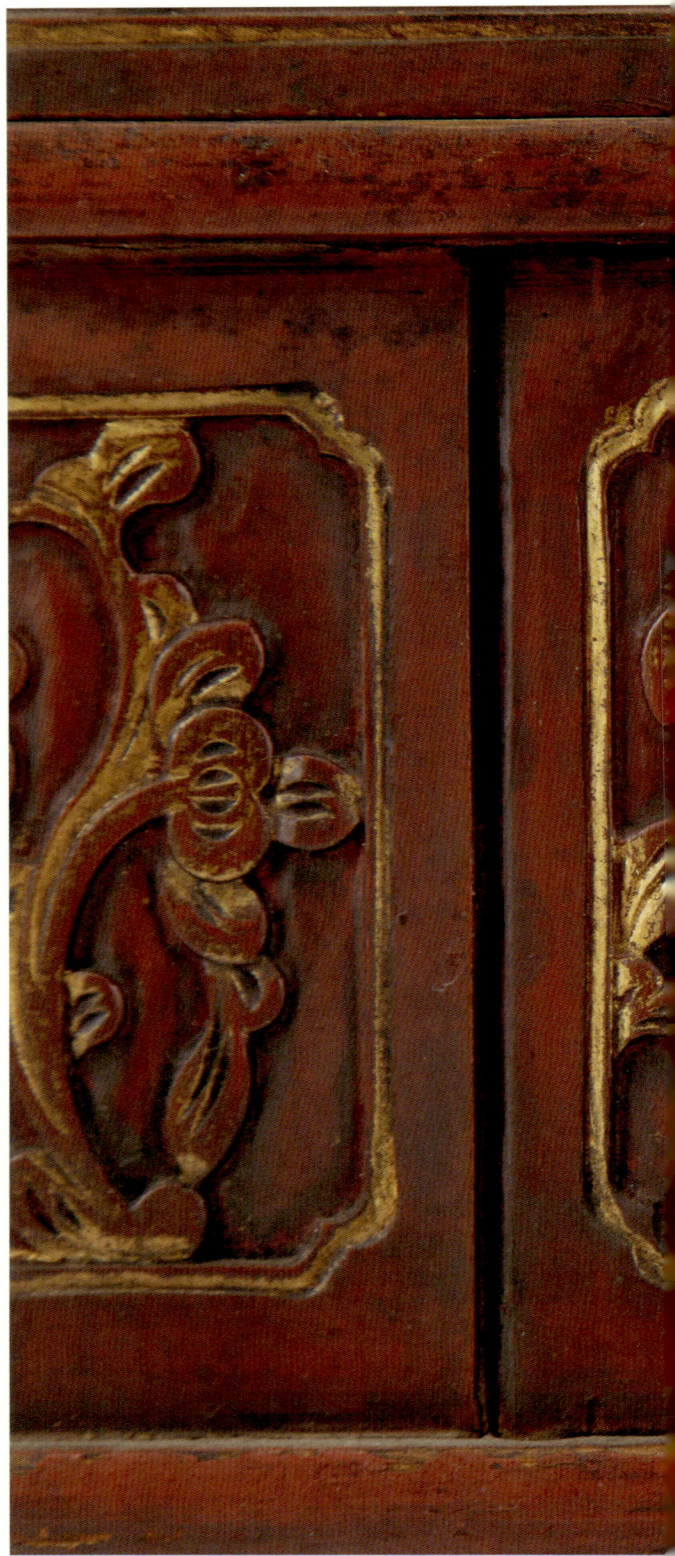

规格 /
1960 mm×765 mm×960 mm
材质 /
槐木
地域 /
山东

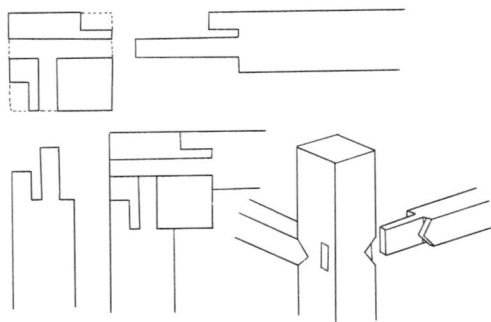

# 四斗两门桌橱

　　桌橱，是桌案与柜的结合体，上面是桌案的样子，面下有抽屉，下部是柜体，顶部采用面板结构。面板和柜门主要看面，既可当桌案摆放物件来用，又可存放物品。橱与案造型相似，比案多了抽屉和柜体，抽屉和柜体都可储藏物件，实用性高，在民间使用较多。

　　此桌橱采用粽角榫四面平结构，面板光滑平整，可摆放物件，横枨与腿部相交，将橱分为上下两层。上层四个抽屉，上安铜吊牌拉手，方便置物；下层设两扇橱门，两侧呈垂直面的旁板，左右两扇橱门和立柱用方形面叶连接，方形面叶设在门扇和闩杆上，古趣盎然。桌橱通身无雕饰，四根方形立柱直落而下，四角为直角，桌橱底枨两枨互让（各用大进小出榫），前面设有素面牙板。抽屉之间的小立柱与横枨用方材丁字形接合，整体素净雅致。

规格 /
620 mm×570 mm×890 mm
材质 /
柳木
地域 /
山东

## 一斗两门橱柜

　　此柜形制较小，柜顶四角采用粽角榫连接，上设抽屉，抽屉脸上设铜提环。下面为柜体，左右两扇对开柜门，无闩杆，柜门上的方形面叶已脱落。柜子的顶、门及左右两侧都采用框内镶板的做法。先在四框内侧起槽，再将心板的四边镶入槽口，这样就把心板边缘处理在暗处了，既增加了家具的美感，又加固了板心。柜膛整板制成，装入柜门底枨下，和前面的立柱相连，极为平整。

规格 /

1400 mm×530 mm×660 mm

材质 /

槐木

地域 /

山东

## 四斗炕柜

　　此柜可以放在炕上或床上使用，属炕柜的一种，多沿墙边放置在炕头或床头。此柜既可以当桌案摆放物件，也可以作为放置衣服的柜子。此柜前有三扇立式门，门可以拆卸，里面装衣物用品，下部配有四具抽屉，抽屉下设牙条，攒接在抽屉下，起承托橱子的作用。

规格 /
970 mm×970 mm×870 mm
材质 /
槐木
地域 /
山东

**雕花联二橱**

此橱属二联闷户橱。闷户橱又叫"嫁底",因过去嫁女总要陪嫁一两件闷户橱,橱上或放箱子,或放掸瓶、时钟、帽筒等,所以"嫁底"是因它作为嫁妆之底而得名的。

此橱面无翘头,抽屉脸贴券口,并饰圆钉。此橱闷仓处有立柱分隔,分三段装板,闷仓面上的装饰与抽屉脸上的装饰大致相同,设圈口装饰。两抽屉脸中间均有空洞,像是铜环拉手的位置,似拉手因时间久远脱落。吊头下的挂牙呈斜状,起边线并饰有卷草纹。正面牙条中雕分心花,两端有卷草纹,起边线,与挂牙相呼应。

规格 /
1495 mm×654 mm×855 mm
材质 /
柳木
地域 /
山东

## 联三橱

　　此橱橱面下设抽屉三具，属三联闷户橱。橱面攒框镶板，无翘头，腿足
与橱面用夹头榫连接；橱面下有吊头，角牙设在吊头下面，呈卷曲状。三具
抽屉以短柱隔开，抽屉脸均装有水滴型和方形吊牌，方形吊牌上有孔，可用
铜锁或穿钉横穿，把抽屉锁住。闷仓的立墙中加短柱，分四段装板，闷仓下
设牙板，沿边起阳线。

规格 /
1670 mm×600 mm×870 mm
材质 /
楸木
地域 /
山东

**雕花联四橱**

　　此橱整体体型较大，因其设有四具抽屉，被称为联四橱，在民间传统家具中极其少见。此橱抽屉脸分别雕饰不同的花纹，其中中间两屉雕莲花纹，两旁两屉雕回纹。抽屉面除了拉环外，各装了闭口，可以控制两个抽屉不被拉开。

　　除了雕饰，此橱整体结构和上例联三橱区别不大，橱面平整，无翘头，无束腰，腿足与橱面亦用夹头榫连接；橱面下设吊头，橱面和腿部垂直相交处的角牙浮雕纹饰。四具抽屉以短柱相隔，闷仓的立墙中加短柱分装成五段，闷仓下的牙板浮雕分心花，和角牙上的纹饰相呼应。

规格／
980 mm×230 mm×310 mm
材质／
梧桐木
地域／
山东

## 带翘头雕花炕橱

　　此橱橱面有翘头，起冰盘沿线，橱柜中间设双开门柜橱，柜门上采用圆形铜饰件。铜制饰件统称"铜活"，铜活有一般的素铜活，还有鎏金、錾花等装饰方法。门两侧上部设抽屉，抽屉上刻有蝴蝶纹，两只相对的蝴蝶翩翩起舞，作为自由恋爱的象征，借此表达人们对爱情的向往与追求。"蝴蝶"的"蝶"与"耋"同音，所以蝴蝶又代表长寿。抽屉下设闷仓，闷仓上刻有"忠"字纹样，侧面整体形制与闷户橱相似，像一边一件"柜塞"，柜塞指带有一个抽屉的闷户橱。

　　吊头透雕出喜上眉梢的造型纹样，喜鹊是自古以来深受人们喜爱的鸟类，在中国人的眼中它是好运和福气的象征。"梅"与"眉"同音，喜鹊登在梅花枝头寓意"喜上眉梢"，指人逢喜事时欢喜、高兴的样子。此橱柜下安牙条，牙条也采用透雕的方式，由于此牙条较长，详尽雕出了一幅凤穿牡丹图，其中间以牡丹花为分隔，两旁分别雕出凤凰穿行在牡丹花中，两侧再以牡丹花收尾，通过牡丹花的枝蔓将牡丹与凤凰连接起来，形成一幅完整的凤穿牡丹图。

上品

地域 / 苏作

材质 / 榉木

规格 / 1940 mm×650 mm×790 mm

# 床榻类

## 三屏风独板围子罗汉床

罗汉床是我国古代卧式家具中的代表，据说罗汉床最早是僧侣用来打坐的，后来经过不断的变化，在明清时期被广泛使用。罗汉床可卧可坐，兼具卧床和坐具的双重功能，一般在寝室供卧为"床"，在客厅待客则称"榻"，是厅堂中十分讲究的家具。从结构上可分为有束腰式和无束腰式两种。

此罗汉床牙条中部较宽，冰盘沿线脚，曲线弧度较大，形制古朴，属于束腰式罗汉床；而无束腰式罗汉床多直腿，床边用圆材劈料制成。

床上后背及左、右三面安独板围子，围板有一定的厚度，高浮雕刻博古纹，床围中间高两边低，错落有致，三面围子上均雕刻博古纹。

床面之下采用三弯腿彭牙，彭牙指家具的腿部从束腰处膨出，用抱肩榫连接，然后向后内收，顺势做成弧形。腿部采用三弯腿的结构，三弯腿是明清家具常用腿式之一，腿柱从束腰处向外鼓出，在上段与下段过渡处向里挖成弯折状，足部向外翻，腿部有三道弯，故为三弯腿。牙条中雕分心花，并在牙条上雕刻卷云纹做装饰，沿边起灯草线。此床整体造型稳重大方，做工精细，制作讲究，具有极高的观赏及收藏价值。

规格 /
988 mm×273 mm×205 mm
材质 /
梧桐木
地域 /
山东

## 带翘头雕卷草纹炕橱

　　此橱与上例炕橱的雕饰纹样不同，但整体形制基本相似，案面有翘头，冰盘沿线，线脚上舒下敛，近似须弥座的"枭混"，其断面与盘碟边沿的断面相似。

　　橱柜中间设双开门柜橱，门两侧上部设抽屉，抽屉下设闷仓，闷仓上透雕万字纹，吊头和橱柜下的牙条均透雕卷草纹，牙条上的纹饰中间以长寿纹作分隔。

　　此橱通体为梧桐木制，梧桐木较软，怕磕碰，也不易上漆，虽然材质轻软，但耐磨损，不易变形，稳定性强，而且纹理细腻、色泽鲜艳，是物美价廉广泛使用的家具材料。梧桐木也有很好的象征意义，是富贵、吉祥的象征，深受平民家庭的喜爱。

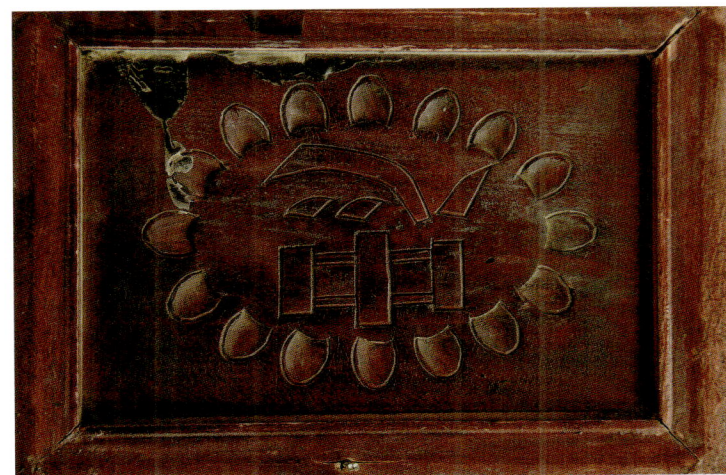

## 架子床

架子床是有柱有顶的床的统称，有多种形制，便于悬挂蚊帐、锦帐。架子床的样式较多，最简单的架子床立柱设在床的四角，上承床顶，顶下周匝做挂檐，床三面设矮围子，名"四柱床"，明代《鲁班经匠家镜》中名"藤床"。有的架子床上设六柱，即正面多设两柱为门，名"六柱床"。[1] 架子床的两侧和背面都装三面围栏，防止人在熟睡时滚落到床下。正面没有围栏是为了方便人上下床。架子床的顶上有防止落灰的盖，因此被形象地称为"承尘"。为了避免顶端过于单调，手工艺人一般会在上端装横楣板，并在横楣板上雕刻各式各样的图案。床边两侧和背面的围栏，通常也会选用小木块拼接成各式几何图案，既节省了木料，又能够起到装饰的作用。[2]

此架子床设六柱，门罩为栏杆式，两侧装有围板，为带门围子的六柱床，门围子用攒接工艺把纵横的短小木条接合起来，形成曲尺纹。床屉分为两层，下层是木板，上层为藤席。床面下有束腰，束腰上装饰几何纹样，前面牙条浮雕回纹，左右两面则为素牙条。足端也雕刻回纹装饰，与前面牙条回纹装饰连接看似一体，实则是用粽角榫连接起来的。

此床外面一层用矮柱将楣板分为五格，中间镶环板，楣板下有门罩和牙板，相连的矮柱柱头挂有圆雕莲瓣纹。挂檐及横楣板部分均镂刻透雕，上面五块横楣板从左向右依次透雕花瓶梅花纹、"卍"字纹、花瓶向日葵花纹、"卍"字纹、梅花鹿纹；下面门罩透雕缠枝莲花纹，两边牙板均雕动物纹样；里面一层亦用矮柱分为五格，雕有"卍"字纹和花瓶纹饰。床顶左右两边透雕简单的云纹，与前面的透雕花板达成繁与简的协调，雕饰华美，纹饰丰富，可见做工之精细。

①张加勉编著：《中国传统家具图鉴》，东方出版社，2010，第12页。

②金帛编著：《鉴宝·古典家具》，浙江摄影出版社，2016，第88页。

规格 /
2350 mm×1600 mm×2400 mm
材质 /
槐木、杉木
地域 /
山东

# 其他类

## 镜箱

镜箱又称"梳妆箱""镜匣""镜奁",是盛放梳妆用具的匣子。春秋战国时,男子也蓄发,黎明即起,先将长发梳理整齐或束簪或加帻冠。所以镜箱在男性墓葬也多有出土。汉代以后,镜箱多出自女性墓葬。[1]

此镜箱上方开盖,盖下约有 10 毫米深的空槽,用来放镜子及支放镜子的架子。箱盖扣合后,镜子折进箱中,前脸的对开门便会扣紧。前面设有两具小抽屉,抽屉上装有铜饰件,箱体两侧设有提环,方便拿起。镜箱多为女性使用,造型别致,制作精巧,是小型家具中的精品。

[1] 张加勉编著:《中国传统家具图鉴》,东方出版社,2010,第 116 页。

规格 /
320 mm×220 mm×100 mm
材质 /
花梨木
地域 /
江苏

规格 /
380 mm×310 mm×340 mm
材质 /
椿木
地域 /
江浙地区

## 素官皮箱

  此箱是官皮箱的基本形式，官皮箱是一种旅行中用来贮物的小型木箱，形制较小，但制作较为精巧美观，流行于明末清初时期。因其多为官员巡视出游之用，故名"官皮箱"，适合放一些精巧的物品，如文书、契约等物品。官皮箱是宋代镜箱演进而来的，上方开盖，盖下有5厘米左右深的空间，可以放铜镜，下设抽屉数个。其结构巧妙，设计构思上具有创造性。

  此箱全身光素，平顶，盖下有平屉。两扇对开门上缘留子口，顶盖关好后，扣住子口，两门就不能打开。门后一般设抽屉三层，其中第一层与第三层为一具抽屉，第二层有三具抽屉，共五具抽屉。最下是底座，比箱体的面积略宽，满足了稳定性的功能需求。除箱体两侧装有半环状的铜提手，箱盖、门上均安铜饰件，即加固了箱子，又增添了华贵之感。

## 书箱

　　书箱是用于放书籍的箱子，在汉代就出现了。古代书箱一般用楠木、紫檀、樟木、花梨等木材制成，前开活门，适合用来存放线装书。书箱的规格要视一部书卷数的多寡而定，箱面刻上藏书的名称、册数、藏书人身份等内容，便于检索。[1]

　　此箱四角交接为直角，箱体由上下两部分组成，正面板子攒框镶板心，沿边打洼线，并分别刻有"读书怀古得真趣，读书真趣生远思"字样，其意是读书能得到真正的意趣，怀古可引发深远的思考。除前面刻有字样，其他面均为素面，形制简洁又不失雅致。

①张加勉编著：《中国传统家具图鉴》，东方出版社，2010，第118页。

规格 /
996 mm×446 mm×1050 mm
材质 /
水杉木
地域 /
江浙地区

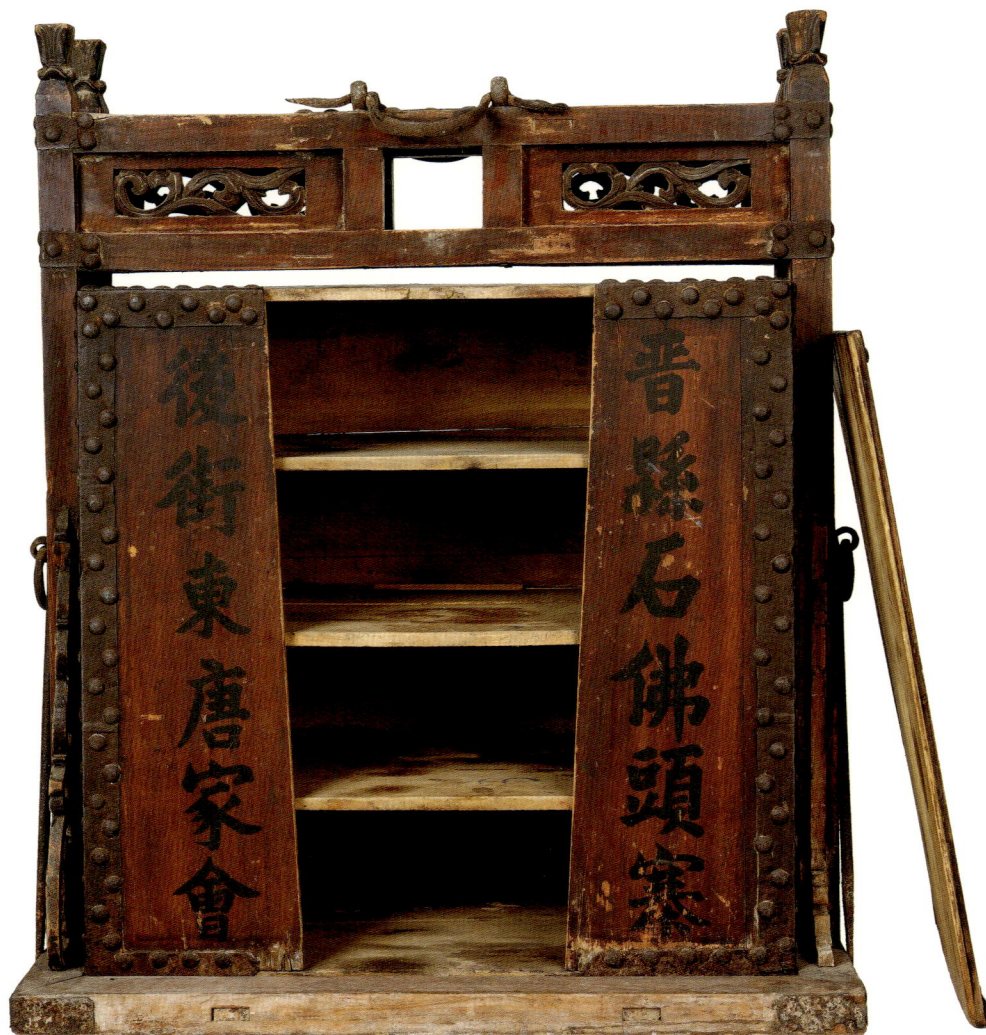

规格 /
743 mm×430 mm×932 mm
材质 /
槐木
地域 /
河北

## 杠箱

　　此箱整体形制较大，属杠箱的一种。杠箱在古代是一种实用性非常强的家具。它在宋朝时期已经流行，主要用以盛放酒食，便于出行携带，其有竹制，有木制。在《麟堂秋宴图》中便有两人扛杠箱而行的画面。

　　此箱用长方框造成底座，底座又称"车脚"，避免提箱直接着地使箱中物品受潮。其箱体分四层叠摞加盖合成，箱体四周用金属包边，并镶有乳钉。因年代久远，箱体出现细长裂纹。上设横梁，左右两端有立柱，立柱上端四角设有柱顶。箱体上部设有透雕板，雕有卷草纹，使此箱整体看起来更加精美。

後街東唐家會

晉縣石佛頭寨

规格 /
475 mm×475 mm×860 mm
材质 /
杨木、槐木
地域 /
山东

## 高火盆架

　　火盆架是用于放置炭火盆的家具。在没有电,没有暖气的年代,取暖的主要方式就是烧炭火。火盆通常放在一个架子上,架子的面板中间有圆孔,用来安放火盆,周围有鼓钉垫着,免得烤坏木材。火盆架分为高、矮两种形制,高火盆架像一具方杌凳,四根边抹中间各有一枚高起的铜泡钉支垫着盆边,避免火盆和木架直接接触引起烧灼。矮的高度仅一尺左右,方框下承四足,足间安直枨,结构较简单。此火盆架因较高,故属高火盆架。

　　此架架面下装券口牙子,券口牙子上雕满回龙纹,装券口牙子的原因是想要把火盆的底部遮挡住,保证架体的完整美观。腿子中部装有双枨加立柱,打槽装板,四面均如此,落堂踩鼓,仿佛是暗抽屉的模样。双枨装板及角牙,加强了腿子之间的连接。足底采用内翻马蹄,使火盆架整体更加稳固,四腿足端雕刻回纹装饰。腿足间饰有牙条透雕云头,边缘起阳线。此架的造型稳重中透显出巧妙的丰富变化,整体轮廓将硬朗力挺的直线与精简流畅的曲线合理衔接,糅合为一整体,体现出刚与柔的和谐统一。整个火盆架既有实用性,又通过细部的精巧设计体现其特有的造型。

规格 /
470 mm×390 mm×1650 mm
材质 /
杨木
地域 /
山东

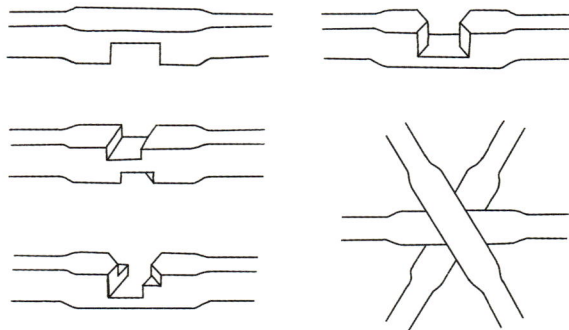

# 六足高面盆架

　　面盆架是用来放置洗脸盆的家具，其形制有高、矮两种类型。高盆架多为六足，是巾架和盆架的结合，除了可以放置脸盆外，还能搭挂洗脸巾，中部一般有花牌为饰，两端多出挑，多圆雕云头或凤首纹。低盆架的盆面呈圆形、多边形、方形等形状，腿足有直式、弯式两类，腿足间用横材相连。

　　此架从整体形制看是高面盆架，最上端横梁（搭脑）与盆架的后两足相交，两头高翘，圆雕卷云纹，搭脑可以搭手巾。横梁下镶环板，透雕花云纹，横梁与立柱垂直相交处设螭龙纹挂牙，中牌子雕有万字纹，内嵌一面小镜子。架间安上下两组横枨，分别由三条横枨交叉组合来固定六条腿足，为"三材接合榫"结构，三材交叉是从十字枨发展而来，中间枨上下皮各剔去材高的三分之一，上枨的下皮及下枨的上皮去材高的三分之二，合起来为一根枨子的高度。前面四足顶端雕仰俯莲纹，后面两足与立柱一木连做，两立柱之间加设腰枨，腰枨上挖槽，以备置放皂盒。

## 雕花衣架

　　图中衣架是用来搭衣服的架子，不是用来悬挂衣服的，故无挂钩。衣架主要由横杆和支架组成。古人多穿长袍，衣服脱下后就搭在衣架横梁上，所以衣架一般放置在内室，或在架子床之前靠墙的一边，或在床榻之后及旁侧。衣架是卧室中的附属家具，并与床、桌、椅等室内家具在尺寸上相互协调，装饰风格上趋于一致。

　　此衣架由横枨、立柱、中牌子、底座组成，两根立柱和四根横枨组成了衣架的基本结构。最上端搭脑两端出挑，雕有向上翘起的卷云纹。在两个长方形底座上植立柱，每柱前后用站牙挟扶，和立柱相交处设雕花挂牙。两立柱间装中牌子，中牌子雕饰华美，用矮柱和小横枨将中牌子分为十格，由九块绦环板构成，左右两端的三块绦环板雕刻对称的纹样，从上至下依次雕刻花鸟纹、麒麟纹、寿字纹；上面的三块绦环板，中部透雕回形花叶纹，两边绦环板由纵横的木条组成曲尺纹样。横枨和立柱直角相交处均设对称的角牙，起装饰与固定作用。衣架构件圆润流畅，做工精美细腻，横向结构非常适合披搭宽大的袍服，搭脑两端可搭衣帽，与现代竖向的衣架结构完全不同。

规格 /
2085 mm×483 mm×1710 mm
材质 /
槐木
地域 /
江浙地区

## 宝座式镜台

　　镜台，又称"梳妆台"，形制多样，是古代闺房中常见的小件家具。在东晋顾恺之著名的《女史箴图》中，就有女子对镜梳妆的画面，在那个年代已经出现放置在地面的简单的镜台。唐代《初学记》卷二五"镜"引《魏武杂物疏》："镜台出魏宫中，有纯银参带镜台一，纯银七子贵人公主镜台四。"[①]可见镜台历史之悠久。镜台是由坐具演变而来的，常见的镜台样式有折叠式、宝座式、五屏风式三种。这种充满女性特质的家具，因"春闺怨慢"而被赋予诗意色彩。

　　此镜台属宝座式镜台，是宋代扶手椅式镜台进一步发展的产物，《半闲秋兴图》中曾出现一件扶手椅式镜台。宝座式镜台的造型看起来似帝王的宝座，其结构包括靠背和镜台两部分，形制较小，多摆放在桌案上。此镜台的靠背和台座由平行的两方形立柱相连，两立柱间用横枨连接。镜台靠背板采用"一面做"透雕手法，即只在正面加工细刻，背面不雕，在所嵌木板上留出凤凰、花卉等图案纹样进行穿透雕刻，把与造型无关的东西去掉，使图案形象立体化。因背面不为人见，所以镜台只有正面雕花，椅子靠背也往往如此。镜台搭脑中间拱起，两头下垂，又略返翘，嵌板两端的挂牙透雕植物纹。

　　镜台可承放镜子与梳妆用品，两旁设柱顶，圆雕莲纹柱。两侧为整块板，无装饰，与靠背间达到了繁与简的协调。镜台下方设抽屉三具，分为两层，上层为对称的两个小抽屉，下层一个大抽屉，内可放置胭脂、妆粉、首饰等各类什物。

①（唐）徐坚：《初学记》，转引自孙书安编著《中国博物别名大辞典》，北京出版社，2000，第912页。

规格 /
460 mm×245 mm×545 mm
材质 /
椴木
地域 /
江浙地区

规格 /
520 mm×290 mm×730 mm
材质 /
杉木
地域 /
江浙地区

## 五屏风式镜台

此镜台属五屏风式镜台，在后侧栏板内竖五扇小屏风，边扇前拢，正中摆放铜镜，是在宝座式镜台的基础上崇饰增华，又加上屏风发展起来的。这种制式的镜台在三种常见的镜台样式中出现较晚，因和屏风元素融合，外观层次突出，造型美观。

镜台由屏风和台座两部分组成，屏风底脚有榫穿过台面透眼，使屏风部分稳定牢固。靠背搭脑均出头，装饰着灵芝纹端头，增多层次且立体感强，中屏顶端透雕鸟纹。五屏风的屏心均嵌装"一面做"透雕绦环板，中屏雕梅花纹，梅开五瓣，有"福、禄、寿、喜、财"五福的寓意。左右四屏均雕花瓶纹，因"瓶"与"平"谐音，有平安富贵之意。中屏与台面之间的托子，为放置铜镜而设，托子间壶门式圈口，下面雕铜钱纹样，图案外圆内方，有招财进宝之意。屏风纹样蕴含了丰富的内涵，为镜台增添了几分雅致。

镜台四腿直足，为圆料制作，且凸出于座面，与座面望柱为一木连作，形成望柱栏板，正面与两侧栏板雕花卉纹，背面栏板不为人见，故为素板。其中正面栏板由两个望柱分为三板，柱头均圆雕莲瓣纹。台下与上例宝座式镜台相同，设三具抽屉，抽屉面除铜拉手外无过多装饰。

## 枕凳

　　枕凳是传统家具中极小的板凳，可托在掌上，它不是坐具，而是枕具，故称为"枕凳"。凳上常放有大小和枕凳差不多的棉垫，用带子和四足连接系牢。凳面呈微弧形，为了适合枕睡而设计。枕凳还有一个用途是中医让病人把手腕搭在凳凹处，以便把脉。此凳凳面呈长方形，略凹成均匀的弧面，两头高中间低，四腿出透榫与凳面连接。凳腿左右有横枨，亦出透榫与腿子连接，腿子为方材，并微微外撇成八字形，造型简洁，无任何装饰。枕凳造型与板凳很相似，人们可以在枕凳上看到许多板凳的特征。

规格 /
280 mm×70 mm×130 mm
材质 /
槐木
地域 /
山东

## 鱼形枕凳

　　此凳和上例一样同为枕凳，形制极小，整体呈鱼形，故称鱼形枕凳。凳面刻有鱼的眼睛、嘴巴、鱼鳞等花纹。鱼纹是中国传统装饰纹样之一，因"鱼"与"余"谐音，有富裕、美满之意。鱼纹狭义上仅指纯粹的鱼纹或以鱼纹为主体的纹饰，广义上还包括由鱼纹和其他纹样组合而成的纹饰，如鱼藻纹、鱼鸟纹。①

①古月编著：《国粹图典纹样》，中国画报出版社，2016，第65页。

规格 /

495 mm×135 mm×205 mm

材质 /

杉木

地域 /

山东

附

录

## 榫卯之美
——中国传统家具榫卯结构释义摘录

**直榫**　　　　其榫头平直，断面为长方形，可直接插入构件卯口内，根据"直榫"的长度，可分为透出榫头的"透榫直榫"和不出榫头的"半榫直榫"两种做法。这种榫卯形式，在大木作和小木作中广泛采用，在梁架中多用于穿插结构的构件，如穿插枋等，单步梁、双步梁与柱子的连接，也使用"直榫"结构。

——摘自李剑平编著：《中国古建筑名词图解辞典》，山西科学技术出版社，2011，第 48 页。

**十字枨**　　　　十字枨是因安装位置不同而形成的，方桌、方凳等家具的横枨一般安装在相邻的腿之间，而十字枨安装在对角位置的腿足之间，因两根横枨作"十"字形相交而得名。十字枨是稳定的三角形结构方式，比一般的横枨更加牢固。

六方形、八方形的家具也有采用类似方法装枨的，在六条或八条腿足间使用三根横枨或四根横枨，也是非常牢固的结构方式。

——摘自张加勉编著：《中国古典家具收藏鉴赏 500 问》，中国轻工业出版社，2009，第 68 页。

**大进小出榫**　　　　当大头进入后，裸露出的是一小榫，它是把直材尽头处切去一块留有一段小榫。另有一直材做卯，卯为一半透一半不透，当榫插入时，小榫头露出，而余下部分藏于卯中。

——摘自关毅主编：《家具鉴赏投资指南》，中国书店，2014，第 193 页。

**格肩榫**　　　　横材与竖材的结合又称"格肩榫"。如桌子、椅子及凳子的横枨，柜身与柜门的横带与腿足的结合，都用这种做法。格肩又分大格肩、小格肩。

**大格肩**　　　　大格肩有实肩和虚肩之分，小格肩都是实肩。实肩是在横材两端做出榫头，在榫头的外侧做出 45° 等腰直角三角形斜肩，三角形斜肩紧贴榫头，然后在竖材上凿出榫窝，并在外侧开出与榫头上三角形斜肩相等的豁口，正好与榫头上的斜肩拍合。

**小格肩**　　　　小格肩是把紧贴榫头的斜肩抹去一节，只留一小部分，其目的是少剔去一些竖材木料，以增加竖材的承重能力，是一种较科学的做法。它既保持了竖材的支撑能力，同时也照顾到了辅助横材承重的作用。小格肩一般用于柜子的前后横梁或横带上。

虚肩也叫飘肩，它与实肩的区别是三角形斜肩不是紧贴榫头，而是与榫头之间留出空隙，不与榫头相连。在竖材的榫眼外侧，也挖出与虚肩大小相同的豁口，但不与榫眼相连。这样做也是为了少剔去一些竖材，以免削弱立柱的支撑能力。在桌类、椅凳类家具的上下横枨上，就常用这种做法。

虚肩的做法是横材与竖材都是圆材，为了把横竖材连接得圆润、柔和，使横竖材的圆面齐平，在横材的榫头两边做出弧形圆口，榫头与榫窝合严之后，弧形口正好与竖材圆面合严。

——摘自胡德生主编：《古典家具收藏入门》，印刷工业出版社，2011，第 110-111 页。

**虚肩**

横竖材角接合，横的一根尽头造成转项之状向下弯扣，中凿榫眼，状似烟袋锅，故名。

——摘自王世襄编著：《明式家具研究》，生活·读书·新知三联书店，2013，第 356 页。

**挖烟袋锅榫**

"裹腿枨"，又名"裹脚枨"，也是横竖材"丁"字形接合的一种，多用在圆腿的家具上，偶见方腿家具用它，须将棱角倒去。裹腿枨表面高出腿足，两枨在转角处相交，外貌仿佛是竹制家具用一根竹材煨烤弯成的枨子，因它将腿足缠裹起来，故有此名。腿足与横枨交接的一小段须削圆成方，以便嵌纳枨子。枨子尽端外皮切成 45° 角，与相邻的一根格角相交；里皮留榫，纳入腿足上的榫眼。榫子有的格角相抵，有的一长一短。

——摘自王世襄编著：《明式家具研究》，生活·读书·新知三联书店，2013，第 235-236 页。

**裹腿枨**

夹头榫是从北宋发展起来的一种桌案的榫卯结构，它实际上是连接桌案的腿子、牙边和角牙的一组榫卯结构。使高桌的腿足有显著的侧脚来加强它的稳定性，又把柱头开口、中夹"绰幕"的造法运用到桌案的腿足上来。制作时腿足在顶端出榫，与案面底面的卯眼接合。腿足上端开口，嵌夹牙条及牙头，故其外观腿足高出在牙条及牙头之上。此种结构是利用四足把牙条夹住，连接成方框，上承案面，使案面和腿足的角度不易变动，并能很好地把案面板的重量分散，传递到四条腿足上来。

——摘自吕九芳、张斌、邓晖：《中国传统家具榫卯结构》，上海科学技术出版社，2018，第 91-92 页。

**夹头榫**

插肩榫与夹头榫相似，也是酒桌、条案、画案常采用的榫卯结构。腿子

**插肩榫**

上端开口嵌夹牙条，榫插入面子边框的榫眼，但在腿的上端外部削出斜肩。牙条与腿部相应大小的槽口，当牙条与腿部扣合时，即将腿的斜肩夹起来，形成平整的表面。当插肩榫的牙条不受力时，与腿的斜肩结合得更紧密，这就是插肩榫与夹头榫的不同之处。

腿足顶端有半头直榫，与案面大边上的卯眼连接。腿足上端的前脸做出角形的斜肩，牙板的正面上剔刻与斜肩等大等深的槽口。装配时，牙条与腿足之间是斜肩嵌入，形成平齐的表面；当面板承重时，牙板也受到压力，但可将压力通过腿足上斜肩传给四条腿足；当腿足承受桌案压力的同时，牙条便和斜肩咬合得更紧。

——摘自吕九芳、张斌、邓晖：《中国传统家具榫卯结构》，上海科学技术出版社，2018，第 92 页。

**粽角榫**　　　　因其外形像粽子角而得名，从三面看都集中到角线的是 45° 的斜线，又叫"三角齐尖"。多用于框形的连接。另外，明式家具中还有"四平式"桌，其腿足、牙条、面板的连接均要用粽角榫。粽角榫是常用在桌子、书架、柜子等家具的榫卯结构，其优点是整齐、美观；不足是榫卯过于集中，影响家具的牢固性。如果是用在桌子上，则应有横枨或霸王枨等将腿固定，否则是不牢固、不耐用的。

——摘自吕九芳、张斌、邓晖：《中国传统家具榫卯结构》，上海科学技术出版社，2018，第 101 页。

**抱肩榫**　　　　抱肩榫为束腰家具的腿足与束腰、牙条相结合时使用的榫卯结构，也可以说是家具水平部件和垂直部件相连接时使用的榫卯结构。以束腰的方桌为例，腿足的上端，做出两个相互垂直但不连接的半榫头，这是与桌面相连的。在与束腰相接的部位，要做出 45° 的斜肩，并凿三角形榫眼，以便与牙条的 45° 的斜尖及三角形的榫舌相接。斜尖上还留做上小下大、断面为半个银锭形的挂销，与开在牙条背面的槽口套挂。

——摘自共勉编著：《明清家具式样图鉴》，黄山书社，2014，第 16 页。

**格角榫攒边**　　　椅凳床榻，凡采用"软屉"造法的，即屉心用棕索、藤条编织而成的，木框一般用"攒边格角"的结构。四方形的托泥，亦多用此法。

四根木框，较长而两端出榫的为"大边"，较短而两端凿眼的为"抹头"。如木框为正方形的，则以出榫的两根为大边，凿眼的两根为抹头。比较宽的木框，有时大边除留长榫外，还加留三角形小榫。小榫也有闷榫与明榫两种。抹头上凿榫眼，一般都用透眼，边抹合口处格角，各斜切成 45° 角。

——摘自王世襄编著：《明式家具研究》，生活·读书·新知三联书店，2013，第 240 页。

　　"攒边打槽装板"此种木工的造法，远在西周的青铜器上已反映出来，它是木材使用的一项成功的创造。长期以来，此法在家具中广泛使用，如凳椅面、桌案面、柜门柜帮以及不同部位上使用的绦环板等等，实在不胜枚举。此法的优点首先在将板心装纳在四根边框之中，使薄板能当厚板使用。木板因气候变化，不免胀缩，尤以横向的胀缩最为显著。木板装入四框，并不完全挤紧，尤其在冬季制造的家具，更需为木板的膨胀留余地。一般板心只有一个纵边使鰾，或四边全不使鰾。装板的木框攒成后，与家具其他部位联结的不是板心，而是用直材造成的边框，伸缩性不大，这样就使整个家具的结构不致由于面板的胀缩而影响其稳定坚实。木材断面是没有纹理的，颜色也深暗无光泽，装板的办法可将木材的断面完全隐藏起来，外露的都是花纹色泽优美的纵切面。因此，攒边打槽装板是一种经济、美观、科学合理的造法。

**攒边打槽装板**

——摘自王世襄编著：《明式家具研究》，生活·读书·新知三联书店，2013，第 240-242 页。

　　银锭榫也称"银锭扣"，其形状酷似银锭而得名。这种榫卯两头宽，中间窄，与银锭卯口结合，十分牢固，多用于板材和柱子的拼接。砖石结构构筑物，其构件的连接，也使用此榫卯做法。

**银锭榫**

——摘自李剑平编著：《中国古建筑名词图解辞典》，山西科学技术出版社，2011，第 48 页。

　　一般施用于木板之间的连接，如隔扇、裙板、走马板等，"龙凤榫"的制作，即在两块木板之间，相对的两个边，一边做出凸榫，一边做龙凤榫出凹槽，凸榫入凹槽之中，结合成整体板材。"龙凤榫"也称"企口榫"。最早的遗物见于浙江余姚河姆渡遗址。

**龙凤榫**

——摘自李剑平编著：《中国古建筑名词图解辞典》，山西科学技术出版社，2011，第 49 页。

　　无论是大木作的房屋木架上的升斗结构，还是小木作家具中的挂销、串销，以及抽屉箱柜的明扣、暗扣，都有利用燕尾结构的原理。带托泥的家具，

**燕尾榫**

现如今大多是凿眼或裁木销使腿与托泥相连。而在宫廷造办处和明式家具的精品上，它的结构却是由托泥的两条边各出一半燕尾，腿子的下端出梯形榫，这样腿子与托泥组装在一起形成合拍燕尾榫卯。这种结构的好处是只要托泥不散架，腿子就永远不会与托泥分离。用作抽屉的立墙是两块木板直角相交的。为了防止直角拉开，多将榫做成半个银锭形，这就是家具中称的"燕尾榫"。

——摘自吕九芳、张斌、邓晖：《中国传统家具榫卯结构》，上海科学技术出版社，2018，第95页。

**揣揣榫**　　　　板条角接合所用的榫卯多种多样。凡两条各出一榫互相嵌纳的，都叫"揣揣榫"，言其如两手相揣入袖之状，其具体造法则有多种。一种是正面背面都与格肩相交，两个榫子均不外露，这是最考究的造法。一种是正面格肩，背面不格肩，形成齐肩膀相交。横条上有卯眼嵌纳立条上的榫子，立条上没有卯眼而只与横条的榫子像合掌那样相交。这种造法在明式家具中也颇为常见。还有一种用开口代替凿眼，故拍合后榫舌的顶端是外露的。

——摘自王世襄编著：《明式家具研究》，生活·读书·新知三联书店，2013，第238页。

**楔钉榫**　　　　两根圆材的端头各截去一半，作手掌式的搭接，每半片榫头的前端都有一个梯台形的小直榫，可插入另一根上的凹槽中。然后在连接部的中间位置凿一个一端略大、一端略小的榫眼，最后插入与此榫眼等大的长木楔。楔钉榫常用来连接圆棍状又带弧形的家具部件，如圈椅扶手。

——摘自王立军编著：《古典家具鉴赏与投资》，中国书店，2012，第85页。

**霸王枨**　　　　霸王枨主要是用于方桌、方凳的一种榫卯，是一种不用横枨加固腿足的榫卯结构。制作造型清秀的桌子，四条横枨过于呆板垂直，又要兼顾桌子的牢固性，就要采用"霸王枨"。霸王枨为"S"形，上端与桌面的穿带相接，用销钉固定，下端与腿足相接（位置在本来应放横枨处的里侧）。枨子下端的榫头为半个银锭形。腿足上的榫眼是下大上小。装配时，将霸王枨的榫头从腿足上榫眼插入，向上一拉，便钩挂住了，再用木楔将霸王枨固定住。

——摘自华文图景收藏项目组编：《古典家具收藏实用解析》，中国轻工业出版社，2008，第123页。

**挂钩榫**　　　　榫眼做成直角梯台形，榫头也做成相应的直角梯台形，但榫头的下底面等于榫眼的底面，嵌入后斜面与斜面接合，产生倒钩作用。然后用楔形料填入榫眼的空隙处，再也不易脱出，故曰"钩挂榫"。

——摘自吕九芳、张斌、邓晖：《中国传统家具榫卯结构》，上海科学技术出版社，2018，第103页。

**走马销**

　　走马销是"栽销"的一种，就是用另外一块木板做成榫头栽到构件上去，而不是就构件本身做成的榫头。它一般安装在可装可卸的两个部件之间。其做法是榫销下大上小，榫眼的开口是半边大半边小。榫销从榫眼开口大的半边插入，推向开口小的半边，就扣紧销牢了。如要拆卸，还必须退回到开口大的半边才能拔出。它和霸王枨有相似处，只是不用垫塞木榫而已。走马销一般用在暗处的夹缝中，明处看不见。罗汉床围子与围子之间及侧面围子与床身之间，多用走马销。南方工匠师称之为"扎榫"，它一般用在可装可拆的两个构件之间，榫卯在拍合后推一下栽有走马销的构件，它能就位并销牢；拆卸时必须把它退回来，方能拔榫出眼，把两个构件分开。因此有"走马"之名。

——摘自刘文哲：《中国古代家具鉴定实例》，华龄出版社，2010，第99-100页。

## 一木一本
—— 中国民间家具木材性能释义摘录

**椴木**　　椴木又称"椴杨"或"河北杨"。它在植物分类中是椴科椴属落叶乔木的通称。主要分布地区是东北和华北。椴木质地均呈白色（略带淡褐色），生长年轮略明显，轻软而富有弹性，纹理细直且疏密有致。椴木按表皮颜色不同又可分为白椴、赤椴、紫椴等。椴木材质好，韧性大，有光泽，成材既快又易于加，因而用途极为广泛。……做家具时多以之为板材和面料，如箱、柜、橱类的板、屉、面心，铁架床、折叠床的床板，沙发垫板及其他家具搪板等。椴木早在战国以前就用以做家具，湖北荆门包山楚墓中便发现有用椴木制作的折叠床铰（类似合页的构件）、床围等。

—— 摘自李宗山：《中国家具史图说》，湖北美术出版社，2001，第510页。

**杨木**　　杨木种类很多，如白杨、插杨、水杨、银白杨、毛白杨、大叶杨、小叶杨等，是北方地区最常见的落叶阔叶林树种。杨木树干粗大修长，老皮多有沟裂；木质结构较细，纹理直而富有韧性；易干燥，易加工；但耐朽能力稍差，板材容易变形。杨木除主要用于建筑材料外，还是历代漆木家具、雕漆木胎的重要原料，尤其在民用家具制作中使用广泛，常以之做家具板材、屏风、箱盒与座架等。山西大同金代阎德源墓中就曾出有用杨木制作的绢画屏风、蜡台座和帽架托等，说明杨木家具在宋代以前就很普遍。现在杨木还普遍用来做胶合板、屋面板及其他室内装修等。

—— 摘自李宗山：《中国家具史图说》，湖北美术出版社，2001，第511页。

**柳木**　　柳木俗称水柳、垂杨柳、清明柳、水曲柳，杨柳科柳属，原产于我国的北方，分布较广。柳木的心材、中材和边材的木质纹理有所差别，心材呈淡红色至棕灰色，边材呈暗白色，年轮明显，具有精细均匀的纹理，通常为直纹，有时会有斜交木纹或者圆形纹；钉着力强，较易干燥，稳定性良好；防腐能力较差。柳木材质很轻，易切削，干燥后不变形，一般用于建筑、坑木、箱板和火柴梗等用材。此外，柳木的木材纤维含量高，是造纸和人造棉的理想原料。对于古典家具来说，柳木主要用于制作木箱，还用其制作圈椅。

—— 摘自读图时代项目组编：《城市格调鉴赏系列 中国古典家具用材鉴赏手册》，湖南美术出版社，2011，第189-191页。

**杉木**

杉木属常绿乔木，又名刺杉、沙木。杉木在中国分布较广，品种也较多，北起秦岭南坡，南至广东、广西、云南、福建等地均可见到。杉木最高能达40米，胸径可达2—3米，树干通直圆满，树叶呈披针形；边材一般为淡红黄色，芯材则为紫褐色，而且颜色会日渐加深。

杉木木质较轻软，能耐腐朽及虫蚀，变形较小，自古以来就是建筑、造船及各类家具的常用材料，尤其在民间，用途极广。杉木生长周期短，属于速生树种，具有极高的商用价值。

——摘自林婧琪：《收藏赏玩指南 明清家具》，新世界出版社，2017，第 112–113 页。

**椿木**

椿木分为臭椿木和香椿木两种，臭椿树开花结子，嫩叶不能吃；香椿树不开花，嫩叶很好吃。这两种树相似，但分属于不同的科、属。

臭椿，苦木科，臭椿属，落叶乔木。生长较快，树高达30米，胸径1米以上，干形端直，又名白椿，主要产地是华北、华东、华中。主要特征是树皮平滑灰白色，有灰色斑纹，有臭味，内皮质硬；边材呈黄白色，心材浅黄褐色；年轮明显，木射线细而少；木材略重，纹理直，结构粗；胶接性能良好，但涂饰性能差，常用于制作凳、椅、柜等家具。

香椿，楝科，香椿属，落叶乔木，有香椿、红椿两种主要树种，除东北、西北外，全国各地均有生长，农家房前屋后多种植。香椿木材材质坚硬，纹理细致，有光泽，是优秀家具用材，有"中国桃花心木"之称。红椿木材与香椿木材性质相似，用途相同。

——摘自张加勉编著：《中国古典家具收藏鉴赏 500 问》，中国轻工业出版社，2009，第 58 页。

**桐木**

桐木种类很多，常见的有梧桐（梧桐科）、泡桐（玄参科）、油桐（大戟科，又名三年桐）等。明李时珍《本草纲目·木部·桐》记载："白桐即泡桐也，叶大径尺，最易生长，皮色粗白，其木轻虚，不生虫蛀，作器物、屋柱甚良。"……桐木成材迅速，生长年轮很明显，材色一般较浅，纤维结构较粗松，树心多有孔道，虽粗至合围而树心不实。桐木不宜承重，但锯刨加工易光平，上漆简便，用于贴面、衬里和制作盛放衣物的箱、柜等十分轻便实用。……桐木分布地区广，生长能力强，木质软而挺劲，纹理疏朗、流畅，是价廉物美的家具材料，特别深得平民家庭的喜爱。现在的山东、河北、山西、河南等很多地区仍大量使用桐木来制作家具，尤其在置办新婚嫁妆时，桐木更是首选用材。

——摘自李宗山：《中国家具史图说》，湖北美术出版社，2001，第 513 页。

**楸木**　　　　楸木，紫葳科，梓树属，落叶乔木，有 13 种，树高可达 20 米，主干端直，树皮有纵裂，少枝杈，原产中国，生长在黄河流域，南方也有生长。民间认为楸树是不结果的核桃树（其实不是），俗名金丝楸、梓桐、小叶梧桐等。楸木的材质优良，木纹直，结构略粗；材色和木纹都很美丽；软硬适中，力学强度中等，富有韧性；不易开裂，稍有翘曲；加工性能良好，刨面光滑，胶接、油漆着色都非常容易。楸木是北方家具主要木材之一，特别是清代晋式家具用得较多，常用于床、榻、柜、橱、桌、椅、架格等大件家具。又，古人喜欢以楸木制作棋盘，故古代棋盘名"楸枰"。

　　　　　　　　　　　　——摘自张加勉编著：《中国古典家具收藏鉴赏 500 问》，中国轻工业出版社，2009，第 55-56 页。

**榆木**　　　　榆亦称"白榆"，属榆科。榆木属落叶乔木，高可达 25 米。小枝细，呈灰色或灰白色。叶互生，呈椭圆状卵形，基部歪斜，具单锯齿或不规则复锯齿。早春先叶开花，翅果不久成熟。榆木产于中国长江流域以及东北、内蒙古、新疆等平原地区。榆木喜光，深根性，耐干冷，生长快。树皮纤维状，木材纹理直、结构稍粗，材质略坚重，除可供建筑、车辆、农具等用材外，还可制作各式家具，凡榆木家具均在北方制作和流行。榆科约有 18 属，150 种。中国有 8 属，50 余种，各地均产。榆木家具，在明清晋作家具中广泛被使用，这和山西地域及历史遗风有直接联系，清宫的古典家具中也有很多是榆木制作的。

　　　　　　　　　　　　——摘自张学编著：《古典家具收藏入门图鉴》，译林出版社，2014，第 174 页。

**榉木**　　　　榉木又作"椐木""椇木"，又称"灵寿木"，产于江苏、浙江等地区，属榆科，落叶乔木，树高数丈，树皮坚硬，呈灰褐色，有粗皱纹，老木树皮似鳞片而剥落。叶互生，为披针形或长卵形而带尖，边缘有锯齿。春天开淡黄色小花，单性，雌雄同株，果实稍呈三角形。其木纹理秀美而有光泽，材质亦较坚硬，可供建筑及器物用材。榉木多见于南方，北方无此树种，常称此木为南榆。由于其纹理色彩与花梨木相似，故在传世家具中，用榉木制作的家具在造型和制作手法土，多仿明式花梨家具的风格，在传统家具中具有相当高的艺术价值和历史价值。

　　　　　　　　　　　　——摘自胡德生：《中国古典家具》，文化发展出版社，2016，第 245 页。

柞木种类较多，指生长于淮河以南的大风子科常绿小乔木，有的呈灌木状。树高一般在 8 米上下，高者可达 15 米。生棘刺，木质呈淡红褐色，甚硬重，可用之做梳篦、凿柄，故又称凿子木（见《本草纲目·木部·柞》）。柞木结构细密，材质坚致，一般不用来做家具面板和箱柜，而是多用之做家具的柱、枨和房椽梁栋等，是很早就被广泛使用的家具和建筑材料。柞木的缺点是干燥处理时间较长，木板处理不好容易翘曲，因此在此类木材干燥时要有一定程序，而后再进行刨光、打磨、刷胶粘和刷油漆等则没有困难，而且施工制作质量均很优良。

**柞木**

——摘自李宗山：《中国家具史图说》，湖北美术出版社，2001，第 521-522 页。

核桃木俗称胡桃木、核桃木、铁核桃、万岁子、羌桃，核桃科；原产于伊朗，相传汉时由张骞引进我国，现产于我国河北、山东、山西及西北大部分地区。……核桃木的边材呈黄褐色至栗褐色，心材呈红褐色至栗褐色，有时显现紫色；间杂有深色条纹，有时带美丽的斑点或条纹；时间久置呈现深棕色，生长轮明显；木质管孔中含有深色树胶，有油脂；木质坚硬，具有明亮的光泽。核桃木质地温润细腻，纹理美观，因此用其制作的家具富有古朴雅致的美感，坚实耐用，充分显示出了木质纹理的自然美。

**核桃木**

——摘自读图时代项目组编：《城市格调鉴赏系列 中国古典家具用材鉴赏手册》，湖南美术出版社，2011，第 79-85 页。

柏木是常绿乔木，产于我国长江流域及长江以南地区，是我国分布最广的树种之一。木材为黄褐色，木质细腻，纹理美观，耐腐耐久，还有芳香的气味，不仅是家具优良的用材之一，而且还用于造船、建筑。材质以黄柏为上，其他次之，黄柏色泽温润，木质细腻，制成家具别有风韵。过去人们将柏木节子较多视为缺陷，故有些柏木家具要用上漆来掩盖节子，而现代人们崇尚自然，柏木家具的节子多，节子大小不一，布局随意自然，反而成为柏木家具的优点，备受人们的喜爱。

**柏木**

——摘自华文图景收藏项目组编：《古典家具收藏实用解析》，中国轻工业出版社，2008，第 196 页。

**黄杨木**　　　黄杨木为常绿灌木或小乔木，产于我国中部地区，枝叶攒簇向上，叶初生似槐芽而丰厚，不花不实，四时不凋，生长缓慢。黄杨木生有斑纹状之线，质地坚硬，细致有光泽。……明清家具中常以制作木梳及刻印或家具构件之用。用于家具则多做镶嵌或雕刻的装饰材料，与硬木配合使用，未见有整件黄杨木家具。黄杨木色彩艳丽，佳者色如蛋黄。尤其作镶嵌纹饰，与紫檀相配，形成强烈色彩对比反差，互为映衬，异常美观。

——摘自华文图景收藏项目组编：《古典家具收藏实用解析》，中国轻工业出版社，2008，192页。

**楠木**　　　楠木主要产于我国四川、云南、广西、湖南、湖北等地。《博古要览》说："楠木有三种，一曰香楠，二曰金丝楠，三曰水楠。"南方多香楠，木微紫而清香，纹理美。金丝楠出川涧中，木纹向明视之有金丝，至美者，可自然结成山水、人物之纹。水楠色清而木质甚松，用作明清家具木材的多为水楠。楠木不能上漆，也不能打蜡，因为上漆和打蜡后，楠木的颜色会发黑，失去原有的色泽。楠木的防潮抗腐性特别强，经久而不变质，木性温和，体轻，不伸不胀，不翘不裂。楠木的温和木性，冬天触之不凉，常被用来制作桌案与罗汉床，其优点是其他硬木所不能相比的。

——摘自华文图景收藏项目组编：《古典家具收藏实用解析》，中国轻工业出版社，2008，第192-193页。

**樟木**　　　樟木别名香樟木，产于我国豫章（今江西南昌）西南，处处山谷有之。樟科植物，常绿乔木，木高丈余，全株具香气。小叶似柄而尖，背有黄毛、赤毛，树皮黄褐色，有不规则裂纹。四时不凋，夏开花结子。树皮黄褐色略暗灰，心材红褐色，边材灰褐色。横断面可见年轮，质重而硬，大者数抱，肌理细而错综有纹。切面光滑有光泽，油漆后色泽美丽，干燥后不易变形，耐久性强，胶结后性能良好，可以染色处理，易于雕刻。其木气甚芬烈，味清凉，有辛辣感，可驱避蚊虫。冬季伐树劈碎或锯成块状，晒干或风干，多用于制作家具表面装饰材料和制作箱、匣、柜子等存储用具。

——摘自华文图景收藏项目组编：《古典家具收藏实用解析》，中国轻工业出版社，2008，第193-194页。

**桦木**　　　桦木一般是桦木属约100种乔木和灌木的通称，多产于中国辽东和西北地区。树皮有多层，易剥离；枝梢细而柔软，叶互生，卵形先端尖，叶柄长，花色褐而带黄。桦树分两种：一为白桦，呈黄白色；二为枫桦，呈淡红褐色，木质比白桦略重。总体来说，桦木木质稍重且硬，有弹性，加工性能良好，切削面光滑，适用于制作家具表里。

——摘自林婧琪：《收藏赏玩指南　明清家具》，新世界出版社，2017，第113页。

**影木**

影木又称"瘿木"，瘿即为囊状瘤子之意，泛指树木的根部和树干因受到害虫或真菌的刺激而长成的树瘤，或泛指这类木材的纹理特征，并非专指某一树种。瘿的形成非常不易，出产极少。影木纹理多变，且富有立体感，故用来作为最优秀的镶嵌材质，常将其锯成薄片，拼嵌在家具的表面上。一般以花纹的大小或形态来命名，如"葡萄瘿""核桃瘿""山水瘿""芝麻瘿""虎皮瘿"等。影木来自于花梨、楠木、榆木、桦木、柏木等根部或带节疤处。……清中期后大量出现在红木家具上，多被用作桌芯、几芯、椅背芯与柜门芯，也有作点缀之用，它的橙黄的色纹与红木的深沉相配，相映生辉。

——摘自华文图景收藏项目组编：《古典家具收藏实用解析》，中国轻工业出版社，2008，第191-192页。

# 木之缀饰
―― 传统家具装饰特征释义摘录

**线脚**　　　　　在家具中，所谓"线脚"主要是指部件截断面边缘线形，经过或方或圆的不同变化后，使家具部件的面产生了或凹或平或凸的各种"线条"，这些线条的各种造型，民间工匠则称为"线脚"。这些线条的着意刻画是为了塑造家具各种不同的形体，是与家具部件在组构中产生的形体外围轮廓线，一起共同形成家具的形体变化，表现家具形体的特色和风格。比如圆料与方料、浑面与平面所造成的家具，皆有着完全不同样的视觉效果，给人的感受和情绪则完全不相同。

　　　　　　　　线脚常常在加强变化中丰富形体表面的层次感和形象性。如桌面、几面、椅子座面等边抹的线脚，以各种"冰盘沿"的形式反映出各种不同的个性特征来，有平和或锐利的，宽厚或精巧的，隽丽或肥美的，挺拔或朴质的，突厥或隐进的，显亮或含蓄的……通过线脚的设计和运用，家具形体造型的四面可以相互呼应，气脉通顺，充分地传达出造物形体的整体感和统一性。

――摘自濮安国：《明清家具鉴赏》，西泠印社出版社，2012，第146页。

**线雕**　　　　　又称"线刻""阴刻"，用刻刀在平面上刻出花纹，刻痕陷于木材之内。多用于围屏、箱柜类家具表面的器物、人物或文字纹的单线条勾画，线条清晰明快，富有表现力，宛若白描。线雕是雕刻工艺的基础技法，任何一种雕刻装饰技法都依赖于线雕才能完成。

――摘自王立军编著：《古典家具鉴赏与投资》，中国书店，2012，第92页。

**浮雕**　　　　　浮雕是在家具表面进行减地雕刻（将多余的木料去掉，使图案凸出）而成的半立体形象，表现力十分丰富。

　　　　　　　　浮雕适合表现场面大、内容复杂的画面，如山水风景、楼台殿阁、街市等。浮雕底层到浮雕最高面的形象之间互相重叠、上下穿插的关系，使内容展现得深远和丰满。传统家具的浮雕装饰可根据浮雕的厚度划分为高浮雕、中浮雕、浅浮雕及深浮雕。

　　　　　　　　另外，浮雕可以与圆雕结合使用，即用圆雕技法表现主要形象，以浮雕、线刻等技法表现其他次要形象并作为衬底。

**圆雕**　　　　　圆雕指不带背景、具有真实三度空间关系、适合从多角度观赏的雕刻。传统家具的端头、柱头、腿足、底座等，多雕刻成人物、动物、植物形状，可以当作圆雕来看待。

还有一种半圆雕技法，常用来表现既有人物又有背景的纹样。其特点是主要形象用圆雕技法表现，次要形象和场景均用浮雕或线刻等技法来表现。

**透雕**

透雕主要用于家具上的牙板、围栏、环板、屏心、花板等部位，使家具展现出精工、通透、灵秀、华美的特色。

古代的透雕工艺是先将图案画在棉纸上，再将棉纸贴在木板上，然后在每组图案的空白处打一个孔，将钢锯丝穿入，往复拉动锼弓子，沿图案的轮廓将空白处的木料"锼"走，因此又称"锼活"。锼好的半成品由专门的匠师进行细部精细的雕刻加工。

传统家具中，有些装饰采用透雕与多层次的深浮雕相结合的方式，具有较丰富的表现力。这是明清大型家具上常使用的一种雕刻技法。

———以上摘自顾杨著：《中国红 走进博物馆篇 传统家具》，黄山书社，2014，第90-96页。

**攒斗工艺**

"攒斗"是行业术语，包括攒接和斗簇，指运用榫卯结构将许多小木料制成小部件，形成四方连续性的几何图案，在家具上用作大面积装饰的工艺技法。攒斗原本是中国古建内檐装修中运用较广的一种工艺，古建的门窗、槅花罩等构件就是采用攒斗工艺。古典家具中架格的栏杆、床围子、衣架的中牌子等部件多采用攒斗工艺，形成几何纹，体现了"通透为美"的审美观念。

攒接是用榫卯结构把纵横的短小木料接合起来，形成"品"字纹、"卍"字纹、"十"字纹、"扯不断"等图案的工艺手法。

斗簇是将锼镂的小木料拼凑、斗合成四簇云纹、灯笼锦、十字绦环等图案的工艺手法。攒接加斗簇，即攒斗，结合使用攒接和斗簇两种技法制成的装饰图案，融攒接的结实牢固和斗簇的轻盈华丽于一体。

———摘自王立军编著：《古典家具鉴赏与投资》，中国书店，2012，第94页。

**单色漆**

单色漆家具又称"素漆家具"，即以一色漆油饰的家具。常见有黑、红、紫、黄、褐诸色，以黑漆、朱红漆、紫漆最多。黑漆又名玄漆、乌漆。黑色是漆的本色，故古代有"漆不言色皆谓黑"的说法。因此，纯黑色的漆是漆工艺中最基本的，而其他颜色的漆皆是经过调配加工而成的。

**雕漆**

雕漆家具是在素漆家具上反复上漆，少则八九道，多则一二百道。每次在八成干时漆下一道，漆完后，在表面描上画稿，以雕刻手法装饰所需花纹，然后阴干，使漆变硬。雕漆又名剔漆，有红、黄、绿、黑几种，以红色最多，又名剔红。

**描金漆**　　　　描金漆家具，是在素漆家具上用半透明漆调彩漆描画花纹，然后放入温湿室，待漆干后，在花纹上打金胶（漆工术语称为金脚），用细棉球着最细的金粉贴在花纹上。这种做法又称"理漆描金"。如果是黑漆地，就叫黑漆理描金；如果是红漆，就叫红漆理描金。黑色漆地或红色漆地，与金色的花纹相衬托，尽显绚丽华贵的气派。

**识文描金**　　　　识文描金是在素漆地上用泥金勾画花纹。其做法是用清漆调金粉或银粉，要调得相对稠一点，用笔蘸金漆直接在漆地上作画或写字。其特点是花纹隐起，有如阳刻浮雕。由于黑漆地的衬托，色彩反差强烈，使图案更显生动活泼。

**罩金漆**　　　　罩金漆，又名"罩金"，故宫太和殿金漆龙纹屏风、宝座是罩金漆家具的典型实例。罩金漆家具是在素漆家具上通体贴金，然后在金地上罩一层透明漆的家具。

**堆灰**　　　　堆灰，又名"堆起"。堆灰家具是在家具表面用漆灰堆成各式花纹，然后在花纹上加以雕刻，做进一步细加工，再经过髹饰或描金等工序，形成独具特色的家具品种。堆灰家具又称"隐起描金"或"描漆"，其特点是花纹隆起、高低错落，有如浮雕。

**填漆和戗金**　　　　填漆和戗金是两种不同的漆工艺手法。填漆即填彩漆，是先在做好的素漆家具上用刀尖或针刻出低陷的花纹，然后把所需的彩漆填进花纹，待漆干后，再打磨一遍，使纹地分明。这种做法，花纹与漆地齐平。戗金、戗银的做法大体与填漆相似，也是先在素漆地上用刀尖或针刻出纤细的花纹，然后在低陷的花纹内打金胶，再把金箔或银箔粘进去，形成金色的花纹。它与填漆的不同之处在于花纹不是与漆地齐平，而是仍保持阴纹划痕。填漆和戗金虽属两种不同的工艺手法，但在实际应用中经常混合使用。以填漆和戗金两种手法结合制作的器物在明清两代备受欢迎，北京故宫博物院收藏品中这类实物很多。

刻灰又名大雕填，也叫"款彩"。一般在漆灰之上油黑漆数遍，干后在漆地描上画稿。然后把花纹轮廓内的漆地用刀挖去，保留花纹轮廓。刻挖的深度一般至漆灰为止，故名"刻灰"，然后在低陷的花纹内根据纹饰需要填以不同颜色的油彩或金、银等，形成绚丽多彩的画面。刻灰的特点是花纹低于轮廓表面，在感觉上，类似木刻版画。在明代和清代前期，这种工艺极为常见，传世实物较多，小至箱匣，大至多达十二扇的围屏。

**刻灰**

波罗漆是将几种不同颜色的漆混合使用。其做法是在漆灰之上先油一道色漆，一般油得稍厚一些，待漆到七八成干时，用手指在漆皮上揉动，使漆皮表面形成皱纹，然后再用另一色漆油下一道，使漆填满前道漆的皱褶。再之后以同样做法用另一色漆油下一道，待干后用细石磨平，露出头层漆的皱褶来。用这种方法做出的漆面，花纹酷似瘿木或影木，俗称"影木漆"。有的花纹酷似菠萝或犀牛皮，因此又称波罗漆和犀皮漆。这类漆器家具传世品极为少见。

**波罗漆**

嵌螺钿家具常见有黑漆螺钿和红漆螺钿。螺钿分厚螺钿和薄螺钿。厚螺钿又称硬螺钿，其工艺是按素漆家具工序制作，在上第二遍漆灰之前将螺钿片按花纹要求磨制，用漆粘在灰地上，干后，再上漆灰。要一遍比一遍细，使漆面与花纹齐平。漆灰干后略有收缩，再上大漆数遍，漆干后还需打磨，把花纹磨显出来，再在螺钿片上施以必要的毛雕，以增加纹饰效果，即为成器。

**嵌厚螺钿**

薄螺钿又称软螺钿，与硬螺钿相对，是取极薄的贝壳之内表皮做镶嵌物。常见薄螺钿的厚度如同现今使用的新闻纸一样。因其薄，故无大料，加工时在素漆最后一道漆灰之上贴花纹，然后上漆数道，使漆盖过螺钿花纹，再经打磨显出花纹。在粘贴花纹时，匠师们还根据花纹要求，区分壳色，随类赋彩，因而可得到五光十色、绚丽多彩的效果。

**嵌薄螺钿**

撒嵌金、银、螺钿沙家具是在上最后一遍漆时，趁漆未干，将金箔、银箔或螺钿碎末撒在漆地上，并使其黏着牢固，干后扫去表面浮屑，打磨平滑即成。

**撒嵌螺钿沙加金、银**

——以上摘自胡德生：《中国家具真伪识别》，辽宁人民出版社，2009，第22-34页。

镶嵌工艺是指在家具上镶嵌大理石、玉石、陶瓷、犀角、贝壳、牛骨、金属、

**镶嵌工艺**

瘿木、黄杨木、竹子、银丝、珐琅等材料。利用这些材料的不同质地、色泽，镶嵌工艺可在家具上形成瑰丽的装饰效果。

**嵌大理石**　　　　在家具上嵌有花纹的大理石作为面板。家具上所嵌的大理石要选择上品，即选择白如玉、黑如墨者，白质纹章中有山水者，白质绿章者。

**嵌瓷板画**　　　　在家具上镶嵌带有彩绘图案的瓷板画，多装饰在床围子、桌凳的面心、屏风的屏心等部位。

**嵌牛骨**　　　　在家具上镶嵌牛骨，形成人物故事、风景山水、花鸟、几何纹等纹样。

**嵌木**　　　　用名贵的浅色木材制成镶嵌部件，通过木质色彩的对比来突出主题。

**嵌竹黄**　　　　将去掉竹子青皮的竹黄镶嵌在家具上。嵌竹黄家具十分名贵，多见于清代宫廷中。

**嵌银丝**　　　　先将白银轧成细银丝，制成装饰纹样，压嵌入依纹样凿刻出的浅槽内，敲实至平，经打磨后上蜡或擦漆，家具的表面便出现工整华美的银丝图案。

**嵌珐琅**　　　　将用珐琅工艺制成平板状的各种饰片镶嵌在家具上形成豪华的图案，多见于清式家具中。

——以上摘自王立军编著：《古典家具鉴赏与投资》，中国书店，2012，第97页。

**金属饰件**　　　　金属饰件以实用功能为基础，同时具有装饰功能。金属饰件多样的艺术造型和各种纹饰结合家具的风格，用于箱子、柜子、闷户橱等家具上，不仅对家具起到进一步的加固作用，也为家具增添了美感。古典家具中，明代早期铜饰件一般用白铜或黄铜制作，明晚期至清前期多用红铜镀金。这些饰件结合纹理优美的木质，形成了质感和色彩上的对比，有很好的装饰效果。民国家具在明清家具的基础上引进了具有西方风格的金属饰件，特点更加鲜明。古典家具金属饰件主要有合页、面页、面条、钮头、吊牌、屈曲、眼钱、拍子、提环、包角和套腿等。

——摘自华文图景收藏项目组编：《古典家具收藏实用解析》，中国轻工业出版社，2008.05，第149-150页。

图

录

八仙桌
960 mm×960 mm×860 mm
槐木、椴木
山东
第 37 页

马蹄足方桌
880 mm×880 mm×840 mm
椴木
山西
第 40 页

两屉书桌
1450 mm×660 mm×850 mm
槐木
江西
第 44 页

两屉长条书桌
1660 mm×650 mm×890 mm
椴木
浙江
第 46 页

二斗小桌
960 mm×590 mm×855 mm
柳木
江西
第 48 页

有束腰带托泥月牙桌
950 mm×550 mm×880 mm
榉木
山东
第 50 页

夹头榫带托子翘头案
2560 mm×470 mm×970 mm
槐木
山东
第 56 页

三屉翘头炕案
930 mm×220 mm×260 mm
杉木
山东
第 58 页

联三橱式翘头炕案
1340 mm×460 mm×470 mm
柳木
山东
第 62 页

联三橱式平头炕案
1302 mm×405 mm×455 mm
柳木
山西
第 66 页

茶几
350 mm×350 mm×865 mm
榆木
山东
第 68 页

棋桌
395 mm×395 mm×260 mm
槐木
山西
第 70 页

马蹄足罗锅枨小炕桌
885 mm×545 mm×300 mm
椿木
山西
第 72 页

雕草龙纹四面平炕几
600 mm×260 mm×280 mm
松木
山西
第 74 页

卷草纹券口二屉炕几
470 mm×190 mm×180 mm
杉木
山西
第 78 页

雕拐子龙纹炕几
840 mm×430 mm×380 mm
楸木
山西
第 81 页

雕拐子龙纹炕几
630 mm×210 mm×200 mm
楸木
山西
第 86 页

有束腰马蹄足罗锅枨小方凳
340 mm×340 mm×300 mm
榆木
山西
第 92 页

直足裹腿罗锅枨方凳
370 mm×370 mm×420 mm
榉木
山西
第 96 页

长方凳
545 mm×255 mm×530 mm
榆木
山东
第 100 页

无牙条三足圆凳
310 mm×310 mm×510 mm
榆木
山东
第 102 页

有牙条三足圆凳
290 mm×290 mm×530 mm
榆木
山东
第 104 页

半叶梅花凳
385 mm×280 mm×523 mm
榆木
山东
第 105 页

有牙条半叶梅花凳
475 mm×265 mm×530 mm
榆木
山东
第 108 页

蝙蝠纹小杌凳
375 mm×155 mm×260 mm
柞木
山东
第 111 页

素牙头二人凳
1195 mm×315 mm×505 mm
榆木
山东
第 113 页

草龙纹牙头条凳
1165 mm×325 mm×530 mm
榆木
山东
第 115 页

夹头榫藤面春凳
2110 mm×800 mm×500 mm
柳木、藤
山东
第 117 页

有束腰马蹄足春凳
1530 mm×340 mm×540 mm
椴木
浙江
第 122 页

柳木圈椅
720 mm×710 mm×820 mm
柳木
山东
第 124 页

灯挂椅
573 mm×450 mm×1093 mm
榆木
山东
第 128 页

梳背灯挂椅
500 mm×400 mm×1010 mm
槐木
山东
第 131 页

四出头官帽椅
580 mm×450 mm×995 mm
槐木
山西
第 134 页

南宫帽椅
560 mm×452 mm×1005 mm
榆木
江西
第 137 页

太师椅
570 mm×450 mm×930 mm
槐木
江西
第 140 页

靠背扶手椅
570 mm×445 mm×1005 mm
楸木
山东
第 142 页

圆奎椅
600 mm×460 mm×1000 mm
榆木
山东
第 145 页

小姐椅
480 mm×380 mm×830 mm
松木
浙江
第 148 页

描金靠背钩子椅
490 mm×380 mm×970 mm
椴木
浙江
第 149 页

梯子椅
475 mm×393 mm×1105 mm
榆木
山东
第 150 页

钱柜椅
615 mm×570 mm×865 mm
柳木
山东
第 154 页

镂空靠背竹椅
450 mm×370 mm×950 mm
竹、木
四川
第 156 页

透棂架格
1130 mm×580 mm×1950 mm
椴木
江浙地区
第 160 页

上格券口带栏杆挂檐亮格柜
860 mm×500 mm×1810 mm
椴木
江西
第 164 页

有柜膛抽屉圆角柜
950 mm×680 mm×1850 mm
楸木、桐木
山西
第 168 页

硬挤门有柜膛圆角柜
1020 mm×640 mm×1400 mm
桐木、槐木
山西
第 172 页

方角衣柜
720 mm×430 mm×1250 mm
柳木
山东
第 177 页

方角顶箱柜
540 mm×520 mm×1880 mm
柳木
山东
第 180 页

山水植物纹衣柜
1600 mm×600 mm×1790 mm
椴木
浙江
第 182 页

描金人物纹衣柜
1430 mm×620 mm×1820 mm
椴木
浙江
第 186 页

描金彩绘衣柜
1560 mm×615 mm×1820 mm
椴木
浙江
第 190 页

两门碗柜
1050 mm×320 mm×960 mm
杉木
山西
第 194 页

三弯腿有束腰佛龛
470 mm×160 mm×650 mm
椴木
山西
第 198 页

描金方角小柜
290 mm×250 mm×440 mm
榉木
山西
第 202 页

四斗两门桌橱
1960 mm×765 mm×960 mm
槐木
山东
第 206 页

一斗两门橱柜
620 mm×570 mm×890 mm
柳木
山东
第 208 页

四斗炕柜
1400 mm×530 mm×660 mm
槐木
山东
第 210 页

雕花联二橱
970 mm×970 mm×870 mm
槐木
山东
第 211 页

联三橱
1495 mm×654 mm×855 mm
柳木
山东
第 216 页

雕花联四橱
1670 mm×600 mm×870 mm
楸木
山东
第 219 页

带翘头雕花炕橱
980 mm×230 mm×310 mm
梧桐木
山东
第 222 页

带翘头雕卷草纹炕橱
988 mm×273 mm×205 mm
梧桐木
山东
第 226 页

三屏风独板围子罗汉床
1940 mm×650 mm×790 mm
椴木
山西
第 228 页

架子床
2350 mm×1600 mm×2400 mm
槐木、杉木
山东
第 232 页

镜箱
320 mm×220 mm×100 mm
花梨木
江苏
第 236 页

素官皮箱
380 mm×310 mm×340 mm
椿木
江浙地区
第 239 页

书箱
996 mm×446 mm×1050 mm
水杉木
江浙地区
第 242 页

杠箱
743 mm×430 mm×932 mm
槐木
河北
第 244 页

高火盆架
475 mm×475 mm×860 mm
杨木、槐木
山东
第 248 页

六足高面盆架
470 mm×390 mm×1650 mm
杨木
山东
第 250 页

雕花衣架
2085 mm×483 mm×1710 mm
槐木
江浙地区
第 252 页

宝座式镜台
460 mm×245 mm×545 mm
椴木
江浙地区
第 256 页

五屏风式镜台
520 mm×290 mm×730 mm
杉木
江浙地区
第 260 页

枕凳
280 mm×70 mm×130 mm
槐木
山东
第 264 页

鱼形枕凳
495 mm×135 mm×205 mm
杉木
山东
第 266 页

参考文献

1.（唐）徐坚．初学记 [M]//孙书安．中国博物别名大辞典．北京：北京出版社，2000.

2.（明）方以智．通雅 [M]．北京：中国书店，1990.

3. 读图时代项目组．城市格调鉴赏系列 中国古典家具用材鉴赏手册 [M]．长沙：湖南美术出版社，2011.

4. 共勉．明清家具式样图鉴 [M]．合肥：黄山书社，2014.

5. 古月．国粹图典纹样 [M]．北京：中国画报出版社，2016.

6. 古月．中国传统纹样图鉴 [M]．北京：东方出版社，2010.

7. 顾杨．传统家具 [M]．合肥：黄山书社，2014.

8. 关毅．家具鉴赏投资指南 [M]．北京：中国书店，2014.

9. 何宝通．中国传统家具图史 [M]．北京：北京联合出版公司，2019.

10. 胡德生．古典家具收藏入门 [M]．北京：印刷工业出版社，2011.

11. 胡德生．中国古典家具 [M]．北京：文化发展出版社，2016.

12. 胡德生．中国家具真伪识别 [M]．沈阳：辽宁人民出版社，2009.

13. 华文图景．中国家庭收藏百科 [M]．北京：中国轻工业出版社，2007.

14. 华文图景收藏项目组．古典家具收藏实用解析 [M]．北京：中国轻工业出版社，2008.

15. 贾洪波，艾虹．图文新解鲁班经：建筑营造与家具器用 [M]．南京：江苏凤凰科学技术出版社，2019.

16. 金帛．鉴宝：古典家具 [M]．杭州：浙江摄影出版社，2016.

17. 李剑平．中国古建筑名词图解辞典 [M]．太原：山西科学技术出版社，2011.

18. 李宗山．中国家具史图说 [M]．武汉：湖北美术出版社，2001.

19. 林婧琪．收藏赏玩指南 明清家具 [M]．北京：新世界出版社，2017.

20. 刘文哲．中国古代家具鉴定实例 [M]．北京：华龄出版社，2010.

21. 吕九芳，张斌，邓晖．中国传统家具榫卯结构 [M]．上海：上海科学技术出版社，2018.

22. 濮安国．明清家具鉴赏 [M]．杭州：西泠印社出版社，2012.

23. 史树青．中国艺术品收藏鉴赏百科全书：五 家具卷．北京：北京出版社，2005.

24. 汪志铭．甬上风物：宁波市非物质文化遗产田野调查 奉化市 [M]．宁波：宁波出版社，2009.

25. 王红莲，徐思民．巧夺天工 中国传统工艺文化 [M]．济南：山东大学出版社，2017.

26. 王立军．古典家具鉴赏与投资 [M]．北京：中国书店，2012.

27. 王世襄．明式家具研究 [M]．北京：生活·读书·新知三联书店，2013.

28. 王义．古典家具收藏鉴赏 [M]．昆明：云南美术出版社，2013.

29. 乌丙安．中国民间信仰 [M]．上海：上海人民出版社，1995.

30. 熊伟．中国设计全集：第 4 卷 [M]．北京：商务印书馆，2012.

31. 张加勉．中国传统家具图鉴 [M]．北京：东方出版社，2010.

32. 张加勉 . 中国古典家具收藏鉴赏 500 问 [M]. 北京：中国轻工业出版社，2009.

33. 张学 . 古典家具收藏入门图鉴 [M]. 上海：译林出版社，2014.

34. 朱家溍 . 明清家具 [M]. 上海：上海科学技术出版社，2002.